BRAUER

DIE RESULTATE DER ÄTZMETHODE AN KRISTALLEN DER GLIMMERGRUPPE

KARL HEINZ BRAUER

DIE RESULTATE DER ÄTZMETHODE AN KRISTALLEN DER GLIMMERGRUPPE

mit 96 Abbildungen und 6 Tabellen

MARTIN-LUTHER-UNIVERSITÄT HALLE-WITTENBERG
HALLE (SAALE)

AKADEMIE-VERLAG · BERLIN 1971

Wissenschaftliche Beiträge der Martin-Luther-Universität Halle-Wittenberg
1971/1 (O 2)

Redaktion: BURCHARD THALER

Redaktion: 401 Halle (Saale), August-Bebel-Str. 13, Deutsche Demokratische Republik, Ruf: 83 25 41 und 3 81 47. Herausgegeben durch die Martin-Luther-Universität Halle-Wittenberg. Für unverlangt eingehende Manuskripte kann keine Haftung übernommen werden. Die Autoren veröffentlichen im Dienste der internationalen wissenschaftlichen Verständigung ohne Honorar. Die Verlagsrechte der veröffentlichten Arbeiten liegen bei der Martin-Luther-Universität Halle-Wittenberg. Die Beiträge erscheinen in 18 Reihen in unregelmäßiger Folge. Die Zählung der Beiträge erfolgt jahrgangsweise, die der Reihen als Nebenzählung unabhängig vom Jahrgang.

Erschienen im Akademie-Verlag GmbH, 108 Berlin, Leipziger Str. 3-4

Lizenznummer: 202 · 100/565/71
Gesamtherstellung: Paul Dünnhaupt KG, 437 Köthen
Bestellnummer: 2145/1, ES 18 F 3
EDV 761 475 5
20,-

Inhalt

Einleitung

Die Minerale werden nach bestimmten Merkmalen zu Mineralgruppen zusammengefaßt. Diese Merkmale dienen im allgemeinen auch zur Klassifizierung innerhalb der Mineralgruppe und zur Bestimmung der einzelnen Minerale selbst. Bei den Glimmern ist heute das sie notwendig und hinreichend kennzeichnende Merkmal ihre Schichtstruktur, wie sie von *Pauling* (1930) vorausgesagt wurde. Vor dieser Zeit konnten Glimmerminerale nur dann als solche erkannt werden, wenn ihre chemische Zusammensetzung oder andere, aus der Kristallstruktur resultierende Merkmale wie Spaltbarkeit, Farbe, Doppelbrechung, Achsenwinkel usw. mit denen von Prototypen übereinstimmten. Dabei war vorausgesetzt, daß die Größe der zu untersuchenden Kristalle sowie deren Kristallqualität die Untersuchung anhand solcher sekundärer Merkmale überhaupt zuließ. Silikate in Form sogenannter „homogener Aggregate" wie z. B. Glaukonit, die chemisch als Glimmer anzusprechen waren, die aber keine kristallographische Untersuchung zuließen, konnten erst nach der röntgenographischen Aufklärung ihrer Struktur den Glimmern zugerechnet werden. Bis zum Erscheinen der Arbeit „Polytypism of the micas with optical measurements" von *Hendricks* und *Jefferson* (1939) nahm man an, daß alle Glimmer dem monoklinen Kristallsystem angehören. Das in der Arbeit von *Hendricks* und *Jefferson* nachgewiesene Auftreten polytyper Formen bei Glimmern ein und derselben chemischen Zusammensetzung und mit gleicher Einzelschichtstruktur unterstrich, daß die sekundären Merkmale, auch wenn sie bei gut ausgebildeten Kristallen oftmals zur Bestimmung ausreichend sind, Fehldiagnosen nicht ausschließen. Trotzdem wird auch heute noch ein großer Teil der Minerale und auch der Glimmer z. B. nach optischen und anderen sekundären Merkmalen bestimmt. In Zweifelsfällen und bei dem so nicht erkennbaren Teil der Minerale wird man zur Bestimmung stets auf die diese unmittelbar kennzeichnenden Merkmale wie chemische Zusammensetzung und Kristallstruktur zurückgreifen. Man kann deshalb diese Merkmale auch primäre nennen.

Die Diagnostik mit Hilfe der primären Merkmale verbürgt, daß bei einem vorliegenden Mineralbestand z. B. alle Glimmer erkannt bzw. als solche bestimmt werden können. Mit der Bestimmung eines Minerals ist jedoch – und das gilt in besonderem Maße für die Glimmer – die physikalisch-chemische Situation seiner Entstehung noch nicht hinreichend gekennzeichnet. Allein schon wegen der großen Veränderlichkeit in der chemischen Zusammensetzung genügt es nicht, z. B. einen Glimmer nach dem durch eine möglichst glatte Molekülformel gekennzeichneten Endglied der Reihe, in der er steht, zu bezeichnen. Die Strukturanalyse muß über die bloße Bestimmung hinausgehen und möglichst konkret sein. Nur so wird eine tiefergehende wissenschaftliche Behandlung sowohl gewisser mineralogischer und geologischer Probleme als auch bei der Herstellung synthetischer Glimmer auftauchender physikalisch-chemischer und technologischer Probleme möglich. Insbesondere sind bessere Kenntnisse über den Ordnungsgrad der Kationenverteilung wie überhaupt über das „Gitter" der Kationen in den Glimmern erforderlich. Hinzu kommt, daß neben der relativ große Bereiche des Kristalls erfassenden Strukturanalyse die Feststellung von in Mikrobereichen auftretenden Abweichungen von den durch die Strukturanalyse ermittelten Werten notwendig ist, denn auch diese Abweichungen sind nicht zufällig und kennzeichnen die physikalisch-chemische Situation bei der Entstehung und bei der Umwandlung der Glimmer. Damit gewinnt die Untersuchung der sogenannten Defektstruktur für die Mineralanalyse, und da im besonderen für die Analyse der Glimmer als gesteinsbildende Minerale, und in Wissenschaft und Technik angewendete Werkstoffe zunehmend an Bedeutung.

Die Defektstruktur der Glimmer äußert sich u. a. im Auftreten von Ätzgruben. Das wechselnde Durchmesser-Tiefe-Verhältnis der Ätzgruben auf ein und derselben Fläche eines Kristalls, ihre unterschiedliche Größe, ihre wechselseitige Anordnung und die Abweichungen von einer gewissen für das betreffende Mineral spezifischen Form sind charakteristisch für die „Strukturempfindlichkeit" des Ätzverhaltens, während die für die einzelnen Glimmerminerale spezifischen Formen der Ätzgruben selbst weitgehend „strukturunempfindlich" und geeignet sind, als sekundäres Merkmal mit zur Bestimmung herangezogen zu werden.

Die chemische Ätzung wird als kristallographische Untersuchungsmethode ganz allgemein gegenüber anderen kristallographischen Methoden in dem Maße an Bedeutung gewinnen, in dem es gelingt, sich des Informationsgehaltes zu bedienen, den das bis in die atomaren Abmessungen feinstrukturierte Ätzrelief stets enthält.

In der vorliegenden Arbeit wird anhand experimenteller Untersuchungen der Informationsgehalt solcher Ätzreliefs am Beispiel chemisch geätzter Glimmerminerale erstmals aufgezeigt. Die chemische Ätzung als selektiver und, durch chemische Selektivität und Struktur des zu ätzenden Kristalls bedingt, als anisotroper Vorgang ermöglicht, aus dem Ätzverhalten der Glimmer mit derselben Auflösung, mit der das Ätzrelief abgebildet wird, über die chemische und kristallographische Homogenität des Kristalls und über seine Schichtstruktur auch in Mikrobereichen und bei Tiefen von nur wenigen Schichtdicken Aussagen zu machen. Der Arbeit vorangestellt ist eine historische Übersicht, in der die in der Literatur verstreut vorliegenden Resultate der Ätzmethode an den Kristallen der Glimmergruppe zusammenfassend dargestellt sind.

Historische Übersicht

Die ersten Resultate der Ätzmethode an Kristallen der Glimmergruppe wurden von *Leydolt* mitgeteilt. Über die Ätzversuche *Leydolts* am Glimmer gibt es in der Literatur zwei Hinweise. Der erste ist in einem Sitzungsbericht der kaiserlich-königlichen Geologischen Reichsanstalt zu Wien enthalten. *Grailich* (1855) hatte in einer Sitzung der Reichsanstalt einen Vortrag gehalten, in welchem er das Verhältnis der verschiedenen Methoden besprach, um die kristallographischen Beziehungen der Glimmer aufzuklären. In dem Sitzungsbericht heißt es u. a.: „Die dritte, der neuesten Zeit angehörige Methode ist die der Aetzung, welche wir der unermüdlichen Tätigkeit des Herrn Prof. *Leydolt* danken und deren Einfluß auf die Erforschung der Molecularstructur noch gar nicht übersehen werden kann. *Leydolt* hat auch den Glimmer untersucht, und außerdem, dass er nachgewiesen, dass der Biotit wirklich rhomboedrisch ist, ergab sich aus seinen Aetzungen des zweiaxigen Glimmers, wo der Axenwinkel nahe an 70 Grad oder darüber beträgt, dass derselbe einen hemiprismatischen Combinations-Charakter besitze, wie dies deutlich an den Zeichnungen ersichtlich ist, welche derselbe seiner Abhandlung in den Sitzungsberichten der kaiserlichen Akademie der Wissenschaften beigelegt. Aus den bisherigen Untersuchungen über den zweiaxigen Glimmer folgt demnach, dass der zweiaxige Glimmer (und zwar sowohl die Gruppe der Phlogopite als auch die der Muscovite und Lepidolithe) orthorhombisch, jedoch mit hemiprismatischem Combinations-Charakter ist."

Diese Abhandlung *Leydolts,* von der in dem Vortrag von *Grailich* die Rede war, ist in den Sitzungsberichten der kaiserlichen Akademie aber nicht gedruckt worden. So wird verständlich, wenn *Baumhauer* (1879) in seinem „Beitrag zur Kenntnis der Glimmer, insbesondere des Zinnwaldits" schreibt, daß ihm, als er seine erste Arbeit über Ätzversuche an Kristallen der Glimmergruppe vorlegte, die Versuche *Leydolts* „gänzlich unbekannt" waren, wie es ihm „auch bisher noch nicht möglich war, den Originalbericht zu erlangen".

Der zweite Hinweis stammt von *Tschermak* (1878), der in einem Übersichtsartikel über die Glimmergruppe darauf hinwies, daß schon durch die Ätzversuche *Leydolts* am Muskovit dessen monokliner Charakter erwiesen worden sei. *Tschermak* hatte bei *Leydolt* in Wien studiert und zweifellos Kenntnis von dessen Ätzversuchen und den daraus gezogenen Schlußfolgerungen.

Die Ätzmethode wäre sicher für die Minerale der Glimmergruppe eine Routinemethode zur Bestimmung der optischen Orientierung geworden, hätte nicht *Reusch*

(1869 a, 1869 b) auch die Glimmer mit seiner „Körnerprobe" untersucht und Schlagfiguren an ihnen erzeugt. Er hatte an den Stücken auch die optischen Achsenwinkel bestimmt und festgestellt, daß die Ebene der optischen Achsen entweder senkrecht oder parallel zum Hauptstrahl der Schlagfigur liegt, und so Glimmer erster und zweiter Art unterschieden. Diese Einteilung der Glimmer ist bis heute beibehalten worden. Daß die Ätzfigur das auch leistet und sogar einen größeren Informationsinhalt besitzt als die Schlagfigur, wird für Muskovit schon in der ersten diesbezüglichen Arbeit von *Baumhauer* (1874) ausgesprochen: Insofern scheint mir auch von Bedeutung zu sein, daß die Ätzfiguren des Kaliglimmers uns in den Stand versetzen, an jedem unregelmäßig begrenzten Blättchen nicht nur die Richtung der Axen zu erkennen, sondern auch die vordere von der hinteren Seite des Kristalles zu unterscheiden. Letzteres gelingt weder mit Hilfe der optischen Eigenschaften noch der Schlagfiguren.

Auf Grund des Konoskopbildes hatte man bis dahin den Muskovit für rhombisch gehalten. *Tschermak* (1875) konnte aber durch sorgfältige Messungen des scheinbaren Winkels zwischen der Ebene der optischen Achsen und der Spaltebene zu 88°15′ bzw. 88°20′ an Kristallen aus dem unteren Sulzbachtal im Pinzgau bzw. aus Bengalen die monokline Symmetrie des Muskovits auch optisch nachweisen. Trotzdem gilt *Baumhauers* oben angeführte Feststellung mit einer gewissen Einschränkung auch heute noch. Wegen der nahezu senkrechten Stellung der spitzen Bisektrix auf der Spaltebene ist die Aufstellung eines Muskovitblättchens etwa nur anhand des Konoskopbildes in den meisten Fällen nicht mit Sicherheit möglich.

In zwei kurz darauf folgenden Arbeiten hat *Baumhauer* (1875, 1876) auch am Magnesiaglimmer und am sogenannten Lithionglimmer Ätzfiguren dargestellt.

Seit *Daniell* (1817) als erster über systematische Ätzversuche an Kristallen berichtet hatte, war mehr als ein halbes Jahrhundert vergangen, bis die Ätzmethode von einem zahlenmäßig großen Kreis von Forschern an Kristallen verschiedener Mineralgruppen angewendet wurde, obwohl *Schweigger* (1817) sofort die Herausgabe der Übersetzung des ersten Teiles der Arbeit in den „Annalen" besorgte. Die von *Daniell* bereits diskutierten, mit Anwendung der Ätzmethode sich eröffnenden Möglichkeiten zur Erweiterung der Kenntnisse über Kristallaufbau und -symmetrie waren somit als bekannt anzusehen.

In *v. Kobells* „Geschichte der Mineralogie von 1650—1860" (1864, p. 240) erfährt man jedoch noch von einer „eigenthümlichen Art, die Structur der Krystalle zu erforschen". Die Ansicht *v. Kobells* über die Ätzmethode änderte sich jedoch bald. Er beteiligte sich an der Prüfung der von *Leydolt* (1855) aufgestellten Hypothese, nach welcher in den Ätzgruben die Gestalt jener kleinsten regelmäßigen Körper zu erkennen sei, aus denen man sich den Kristall zusammengesetzt denken könne. Diese Hypothese hatte *v. Kobell* in seiner Geschichte der Mineralogie nur referierend mitgeteilt. Über die in der zweiten Hälfte des vorigen Jahrhunderts erschienenen Arbeiten über Ätzversuche an Kristallen verschiedener Mineralien wurde dann von *Baumhauer* (1894) in seiner später von *Honess* (1927) als klassisch bezeichneten Monographie „Die Resultate der Aetzmethode in der krystallographischen Forschung" zusammenfassend und kritisch berichtet. *Baumhauer* selbst war mit über 30 Arbeiten an der Entwicklung und Anwendung dieser Methode beteiligt. Mit seinen Arbeiten über Ätzversuche an Zinnwaldit (1876, 1879) hatte er zusätzlich zu den bei Kristallen verschiedener Mineralien bereits bestehenden Kontroversen über die Symmetrie dieser Kristalle eine neue wesentliche ausgelöst. Er nahm deshalb unter den 12 „krystallisirten Körpern", an denen er mit eigenen Beiträgen die Resultate der Ätzmethode in seiner Monographie darstellte, auch den Zinnwaldit auf. An ihm wies er die im monoklinen System bis dahin noch nicht beobachtete Zwillingsverwachsung von links- und rechtshemimorphen Teilen eines Kristalles nach. Später hat er auch die Ätzfiguren an Lepidolith eingehender geprüft und gefunden, daß diese unsymmetrisch und deshalb auch diese lithiumhaltigen Glimmer der sphenoidischen Klasse zuzuweisen sind (*Baumhauer* 1902, 1913). Trotzdem hat *Baumhauers* Monographie auf die Untersuchung der Glimmer mit Hilfe der Ätzmethode nicht so stimulierend gewirkt, wie man heute rückschauend vermuten möchte. In dem „Grundriß der Physikalischen Krystallographie" von *Liebisch* (1896) wird noch ein „Ätzeindruck" auf Muskovit abgebildet. In späteren Lehrbüchern fehlen bei den Glimmern die Ätzfiguren ganz.

Mit der Entdeckung der Röntgenstrahleninterferenzen durch *M. v. Laue, W. Friedrich* und *P. Knipping* im Jahre 1912 begann eine neue Phase der Strukturuntersuchung von Kristallen. Die bis dahin angewendeten Methoden zur Bestimmung der Kristallsymmetrie, wozu auch die Ätzmethode zu rechnen ist, traten in ihrer Bedeutung hinter der Röntgenstrukturanalyse zurück. Daran änderte auch das Erscheinen des Artikels „Zur Theorie des Wachstums- und Lösungsvorganges kristalliner Materie" im Jahre 1918 nichts, in welchem *Gross*, fußend auf den Vorstellungen verschiedener Autoren, eine kinematische Theorie dieser Vorgänge geschlossen darstellt und auch die nach dieser Theorie zu erwartende Ausbildung der eine Ätzgrube begrenzenden Flächen ableitet. Nur gelegentlich wurde noch über die Anwendung der Ätzmethode berichtet, wenn ihre Ergebnisse mit denen der röntgenographischen Untersuchungen nicht in Einklang zu bringen waren. Hierzu werden in der einzigen neben *Baumhauers* „Resultaten" zur Ätzmethode existierenden Monographie „The Nature, Origin and Interpretation of the Etch Figures on Crystals" von *Honess* (1927) zahlreiche Beispiele erbracht. Die Glimmergruppe wird in diesem Buch nicht erwähnt. Einer der Gründe war sicherlich der Umstand, daß bei Glimmer fast durchweg nur die (001)-Fläche als gut ausgebildete Fläche zur Verfügung steht, während man bei den anderen Kristallen im allgemeinen die Form der Ätzgruben auf verschiedenen Kristallflächen vergleichen und so die Klasse des Kristalls bestimmen kann. Es lagen aber auch außer den klassischen Arbeiten von *Leydolt* und *Baumhauer* keine neueren wesentlichen Arbeiten über Ätzresultate an dieser Mineralgruppe vor. Alle Anstrengungen waren damals auf die Aufklärung der Struktur der Silikate mit Hilfe der „neuen" röntgenographischen Methode gerichtet. Auch *Desch* (1934), der den Ätzfiguren in seinem Buch „The Chemistry of Solids" ein ganzes Kapitel widmet, geht nicht auf Ätzfiguren am Glimmer ein. Er kommt zu der Überzeugung, daß sehr viel Material gesammelt worden sei, ohne viel Licht auf den Mechanismus der Bildung von Ätzfiguren zu werfen, welcher noch Gegenstand der Diskussion sei (l. c., p. 71). Mit Arbeiten über Ätzfiguren an Zn, Bi und Sn sind seine Mitarbeiter an dieser Diskussion beteiligt. Die Anordnung der Atome im Raumgitter müsse in Betracht gezogen werden, wenn man die unterschiedliche Ausbildung der Ätzfiguren auf ein und derselben Kristallfläche bei Änderung des Ätzmittels oder dessen Konzentration verstehen wolle. „Etch-figures are thus one of the manifestations of the directional chemical properties in crystals“ sagt er abschließend.

Die Arbeit von *Gross* scheint ihm nicht bekannt gewesen zu sein. 1942 wiederholte *Delavault Baumhauers* Ätzversuche am Muskovit. Er stellte auch Ätzversuche an verschiedenen anderen Glimmermineralien mit dem Ziel an, allgemeine Gesetzmäßigkeiten der Bildung von Ätzfiguren aufstellen zu können. Die (1943 a) von ihm gemachte Annahme einer Symmetrieebene senkrecht zu (010) bei den doppelten Figuren — gemeint sind die im Lichtmikroskop gleichzeitig auf Ober- und Unterseite eines Glimmerblättchens sichtbaren Ätzfiguren — macht eine Unterscheidung zwischen den Begriffen Ätzfigur und Ätzgrube notwendig. Die doppelten Ätzgruben haben wegen der sie begrenzenden Flächen diese Symmetrieebene keineswegs. Der Begriff Ätzfigur dürfte demzufolge nur für das zweidimensionale Bild der Ätzgrube bzw. für die oftmals nur sichtbare strichförmige Berandung der Ätzgrube verwendet werden. Im Punkt 4° seiner „Règles“ sagt *Delavault* dann, daß die Symmetrie der Figur, die ja vom Bauplan der Elementarmasche abhänge, oft niedriger sei, als die von Röntgenstrahlen angezeigte Symmetrie des Kristallgitters. Die Röntgenstrahlen würden nicht zwischen Si und Al oder O, OH und F mit ihren benachbarten Atomgewichten, aber sehr unterschiedlichen chemischen Eigenschaften „unterscheiden“. Schließlich ist seine Feststellung über das „paradoxe“ Verhalten der Glimmer zu erwähnen. Der Muskovit, der dem Ätzangriff mehr widerstehe als der Biotit, ergebe auch bei vorsichtiger Ätzung Figuren mit gekurvten Konturen, während der Biotit auch bei stürmischer Ätzung fast geradlinig begrenzte Ätzfiguren aufweise. Auch *Delavault* scheint die Arbeit von *Gross* nicht bekannt gewesen zu sein. Das geht aus seiner Bemerkung hervor, daß wir beim Ätzvorgang nicht mit einer Quasireversibilität rechnen können, die *Friedel* (1926) im Auge hatte, als er seine Theorie vom Kristallwachstum und von der Kristallauflösung aufstellte. In einer weiteren Arbeit versucht *Delavault* (1943 b), eine früher von *Friedel* (1896) mitgeteilte pseudohexagonale Ätzfigur auf Muskovit zu interpretieren. Er hat dann noch Ätzfiguren an verschiedenen Muskoviten (1944 a) und Durchmesser von Ätzgruben auf Muskovit als Funktion der Ätzzeit mitgeteilt (1944 b).

Veranlaßt durch Untersuchungen an Diamant haben *Patel* und *Tolansky* (1957) Ätzversuche an Muskovit durchgeführt und gezeigt, daß man auch an Spaltstufen eine Ätzgeschwindigkeit in (001) messen kann. Wie schon *Delavault* (1942) stellen auch sie fest, daß große isolierte und kleine, die ganze Oberfläche bedeckende Ätzgruben auftreten[1] und daß bei den großen isolierten Ätzgruben die kurze Diagonale in der (010)-Ebene liegt. Als neues Element zur Klärung der Ursache für das Auftreten der großen isolierten Ätzgruben bringen sie den inzwischen eingeführten Versetzungsbegriff in die Diskussion. Sie berichten von einem Experiment, bei dem ein

[1] Zweifellos haben andere Autoren diese Feststellung auch schon gemacht, ohne sie jedoch in ihren Mitteilungen besonders zu erwähnen (vgl. hierzu z. B. *Baumhauer* 1879, p. 120).

Muskovitblättchen gespalten und eines der Spaltstücke vor dem Ätzen über einen kleinen Krümmungsradius gebogen wurde. Nach der Ätzung beider Stücke konnten sie auf den wieder übereinandergelegten Spaltstücken die Zentren der großen isolierten Ätzgruben zur Deckung bringen. In einem zweiten Experiment stellten sie fest, daß bei fortgesetzter Ätzung das Kristallmaterial im stark gekrümmten Bereich „aufgezehrt" wird. Aus beiden Experimenten schlossen sie, daß Versetzungsspannungen nicht die Ursache für das Entstehen der großen isolierten Ätzgruben sind. Sie vermuteten, daß diese an Zentren chemischer Verunreinigung entstehen.

Mit der gleichen Zielsetzung haben *N. S.* und *I. R. Pandya* (1959) Ätzversuche an Muskovit durchgeführt. Auch diese Autoren schließen Versetzungen als Ursache von Ätzgruben aus, weil sie die Bewegung von Versetzungen, wie sie von *Gilman* und *Johnston* (1956) an LiF-Kristallen beobachtet wurde, nicht bei einem entsprechenden Experiment am Muskovit beobachten konnten. In einer späteren Arbeit widerrufen *Patel* und *Ramanathan* (1962 a, p. 861) die von *Patel* und *Tolansky* (1957) geäußerte Ansicht über die Ursache von Ätzgruben. Anhand der Fig. 6 a und 6 b postulieren sie zur Erklärung der Deckungsgleichheit der Anordnung von „etch holes" auf den beiden durch Spaltung neu entstandenen Flächen die Existenz von geraden Versetzungslinien im Kristall. Von möglichen qualitativen Unterschieden der Entstehung von „etch holes" einerseits und „etch pits" andererseits, deren deckungsgleiche Anordnungen in den Fig. 1-, 2-, 3- und 5 a und -b gezeigt werden, ist keine Rede. Auch die an den zwei außenliegenden Flächen eines Stückes paarweise auftretenden Ätzgruben in Muskovit (l. c. Fig. 9 a und 9 b) werden nun auf geneigt verlaufende gerade Versetzungslinien zurückgeführt. Die Verfasser setzen die Entstehungsursachen von etch holes und etch pits qualitativ gleich. Auf die von den Autoren geschilderten Besonderheiten der Ätzgruben wird weiter unten noch eingegangen.

Bei ihren Untersuchungen an synthetischem Phogopit gingen *Patel* und *Ramanathan* (1962 b) von vornherein davon aus, daß Ätzgruben Versetzungen markieren. Sie konnten nur große isolierte Ätzgruben nachweisen. Außerdem wird in dieser Arbeit über basale Ausdehnungen der Ätzgruben entlang einer kristallographischen Richtung berichtet, die an die in den klassischen Arbeiten beschriebenen sogenannten „schlauchförmigen Fortsätze" von Ätzgruben an anderen Mineralien erinnern, über die *Honess* (1927) in seiner Monographie zusammenfassend berichtet hat. Bei den von ihnen im Biotit gefundenen, als etch holes bezeichneten Ätzkanälen handelt es sich, wie aus den Arbeiten von *Price* und *Walker* hervorgeht, um angeätzte Spuren von Spaltprodukten des im Glimmer gelösten Urans. Die Entdeckung solcher Bahnspuren war nicht zufällig. *Silk* und *Barnes* (1959) hatten Muskovit dem Beschuß von Spaltprodukten des Urans ^{235}U ausgesetzt und deren Spuren elektronenmikroskopisch nachgewiesen. Damit war ein Weg aufgezeigt, Teilchenbahnen im Festkörper in Form von Strahlungsschäden mit dem hohen Auflösungsvermögen des Elektronenmikroskopes zu erfassen. Bei ihren Experimenten zur Untersuchung der Glimmer als Teilchendetektor haben *Price* und *Walker* (1962 b) die Energie der Spaltprodukte des Urans so weit herabgesetzt, daß die Bahnspuren im Elektronenmikroskop nicht mehr sichtbar waren. Durch Ätzung konnten sie die Bahnspuren dann „entwickeln". Zum Nachweis von Rückstoßkernen erwies sich die Ätzung als unerläßlich (*Price* und *Walker* 1962 a). In natürlichem Glimmer künstlich erzeugte Bahnspuren müssen durch Ätzung „fixiert" werden, da sie während der Beobachtung im Elektronenmikroskop sonst wieder verschwinden (*Silk* und *Barnes* 1959, *Bonfiglioli* et al. 1961, *Price* und *Walker* 1962 c). Offenbar befindet sich der Kristall in einer gewissen Umgebung der Bahnspur im amorphen Zustand. Die Bahnspur selbst soll nach *Price* und *Walker* (1962 e, p. 3411) z. T. sogar ein feiner Kanal sein. Der Durchmesser des amorphen Bereiches wird von ihnen mit 25 Å angegeben. Nach Abschätzungen von *Romieu* und *Bloch* (1965), die mit Uran bedampfte Muskovitlamellen von 12 μm Dicke so lange mit thermischen Neutronen bestrahlt haben, bis sich der ganze Kristall im metamikten Zustand befand[1], beträgt der Durchmesser der amorphen Bereiche ~ 29 Å in guter Übereinstimmung mit dem von *Price* und *Walker* mitgeteilten Wert. Nun wußte man seit langem, daß die sogenannten pleochroitischen Höfe im Glimmer durch das in den Hofkernen angereicherte Uran bzw. Thorium entstehen. Es mußte also möglich sein, mit Hilfe der Ätzmethode durch Entwickeln und Fixieren von Bahnspuren der Kernbruchstücke auch in solchen Bereichen des Glimmers Uran oder Thorium nachzuweisen, wo die Konzentration nicht mehr zur Bildung eines pleochroitischen Hofes ausreicht, wo aber spontane Kernspaltungen stattgefunden haben. *Price* und *Walker* (1962 d) haben diesen Nachweis geführt. Sie haben darüber hinaus durch Bestrahlen von Glimmer mit thermischen Neutronen in Spuren vorliegendes Uran zur Kernspaltung veranlaßt und aus den beiden aufeinanderfolgenden Nachweisen eine Methode zur Altersbestimmung von Glimmer entwickelt (*Price* und *Walker* 1963 b).

Zu Resultaten der Ätzmethode an Kristallen der Glimmergruppe können im weiteren Sinne auch jene gezählt werden, bei denen nicht die Ätzfigur, sondern die Ätzung als heterogene Reaktion mit ihren Folgeprodukten im Mittelpunkt des Interesses steht. Die diesbezüglichen Arbeiten sind meist auf die Aufklärung der Umwandlung der Glimmer und da im besonderen auf die Untersuchung des Verwitterungsprozesses gerichtet. Sie sind weniger vom kristallographischen, atomphysikalischen oder chemischen als mehr vom geologischen und minerogenetischen Standpunkt aus bemerkenswert. Wie bei der Ätzung zur Erzeugung von Ätzfiguren wurden auch bei der „Ätzung im weiteren Sinne" die ersten Resultate schon im vorigen Jahrhundert mitgeteilt. So untersuchte z. B. *Schmidt* (1882), mit der Absicht, die während der vulkanischen Tätigkeit stattfindenden komplexen Zersetzungsprozesse zu analysieren, die Zersetzung von einigen Mineralien und Gesteinen durch heiße schweflige Säure. Er versteht denn auch im Gegensatz zur Verwitterung als der Veränderung unter dem Einfluß von Kohlensäure und Wasser unter Zersetzung „Veränderungen durch die dem Erdinnern entstammenden Agentien, die vulcanischen Gase". Es wurden von ihm auch nur solche Mineralien untersucht, die in den tertiären Eruptivgesteinen und den rezenten Laven als Gemengteile eine Rolle spielen. Hierzu wird auch der Magnesiaglimmer gerechnet. *Schmidt* findet, daß bei den Silikaten durch schweflige Säure um so mehr gelöst wird, „je leichter löslich ihre übrigen Bestandteile sind, und

[1] Vgl. hierzu *A. Faessler*, Habilitationsschrift, Halle 1942.

je mehr sie von solchen enthalten". Die Bleichung des Glimmers schreibt er der starken Extraktion des Eisens zu.

Dadurch, daß bereits damals die optischen Methoden zur Klassifizierung der Glimmer als Routinemethoden zur Verfügung standen, hat es auch nicht an Versuchen gefehlt, gesetzmäßige Zusammenhänge zwischen der chemischen Zusammensetzung des Glimmers und seinen optischen Eigenschaften aufzustellen. In diesem Zusammenhang ist wegen der Einbeziehung der Verwitterungsprodukte des Glimmers in die Diskussion die Dissertation von *Zschimmer* (1898) bemerkenswert. Er stellt darin u. a. fest, daß mit fortschreitender Bleichung und abnehmendem spezifischem Gewicht die Absorption und der Pleochroismus verschwinden, womit eine Zunahme des optischen Achsenwinkels und Abnahme der Hauptbrechnungsindizes Hand in Hand gehen.

Mehmel (1938) ging bei seinen Untersuchungen über den Ab- und Umbau am Biotit von einer sedimentpetrographischen Fragestellung aus. Bei der Behandlung des Biotits mit 1-molarer Schwefelsäure gingen alle Bestandteile bis auf die Kieselsäure, die als amorpher Rest verblieb, nahezu gleichmäßig in Lösung. Seine Feststellung, daß der Abbau zonar und bevorzugt an Rissen und sonstigen mikroskopisch sichtbaren Störungen erfolgt, weist auf die Schwierigkeiten hin, Zeitgesetze für den Abbau aufzustellen. Die Einwirkung schwachsaurer Lösungen untersuchte er in Mahlversuchen. Er stellte auch als erster qualitative Versuche über die Einwirkung einer alkalischen Lösung auf Biotit an. Es gelang ihm, die wichtigsten in den Sedimenten vorkommenden Abbauprodukte des Biotits experimentell darzustellen.

Oft wird in den diesbezüglichen Arbeiten die Frage aufgeworfen, ob Tonminerale auch durch Verwitterung von Glimmer entstehen. Zur Lösung dieser Frage führten *Weiss* und Mitarbeiter (1956) spezielle Experimente an den verschiedenen Glimmermineralen aus. Ihnen gelang der quantitative Austausch von Kalium-Ionen durch Alkylammonium-Ionen nach Behandlung der Glimmer mit Alkylammoniumsalzen in wäßriger Lösung bei ungefähr 65 °C in Einwirkungszeiten in der Größenordnung von Monaten. Nach Weiterbehandlung mit Natriumalkoholaten konnten die Alkylammonium-Ionen gegen Natrium-Ionen und diese dann wieder in wäßrigen Lösungen durch Kalzium-Ionen und andere ausgetauscht werden. Die so entstandenen Alkylammoniumglimmer und auch die anderen Folgeprodukte zeigten ein eindimensionales Quellverhalten, wie man es bei manchen Tonmineralen, besonders aus erdölführenden Lagerstätten, beschrieben hat.

Burns und *White* (1963) haben $2M_1$-Muskovite mit geschmolzenem Lithiumnitrat bei 300 °C behandelt und röntgenographisch die Änderung der b-Translation in Abhängigkeit von der Abnahme des Kaliumgehaltes gemessen. Analoge Gitterkonstantenänderungen konnten sie daraufhin an dioktaedrischen Glimmern in den Tonfraktionen aus den verschiedenen Horizonten lehmiger Schlammböden messen und eine Abhängigkeit der Verwitterung vom effektiven Teilchendurchmesser feststellen.

Als Beispiel dafür, wie am Glimmer mit einer „Ätzung im weiteren Sinne" ein kristallographisches Problem gelöst wurde, sei die Arbeit von *Cloos, Gastuche* und *Crogaert* (1960) angeführt. Die Autoren haben die Kinetik der Auflösung eines

Glaukonits in mit Silizium gesättigter Salzsäure chemisch, röntgenographisch und elektronenmikroskopisch untersucht. Der während des Ätzvorganges in Lösung gegangene Anteil in bezug auf die im Glaukonit vorliegende Ausgangsmenge an Fe^{3+}-, Fe^{2+}-, Mg-, Al- und K-Ionen wurde als Funktion der Reaktionszeit bestimmt. Der K-Anteil nimmt vom Wert Null an linear mit der Reaktionszeit zu. Mit derselben Geschwindigkeit nimmt auch der Mg-Ionenanteil zu. Die anderen Ionen erscheinen in der Lösung mit zwei verschiedenen Geschwindigkeiten. Die erste der K- und Mg-Lösung gleiche Geschwindigkeit wird der Auflösung der Oktaederschicht zugeordnet. Als Stütze für diese Annahme ist die quantitative Herauslösung von Mg und das Verschwinden der hk0-Reflexe in der ersten Phase des Ätzprozesses anzusehen. In der zweiten Phase ist die Oktaederschicht sozusagen leer. Die Vorgänge mit der kleineren Geschwindigkeit dominieren, d. h., die Tetraederschicht wird nun aufgelöst. Diese zwei Phasen sind auch sehr deutlich bei der Lösung der Al-Ionen, die ohne Zweifel sowohl in der Oktaeder- als auch in der Tetraederschicht vorhanden sind, zu erkennen. Die Autoren kommen auf Grund ihrer Ergebnisse zu dem Schluß, daß die Strukturformel des vorliegenden Glaukonits entgegen der nach der chemischen Analyse angesetzten Formel wie folgt lauten muß:

$$(Al, Fe^{2+}, Mg, Ca, K, Na)_{1.621}\ (Al_{0.696}\ Fe^{3+}_{0.873}\ Fe^{2+}_{0.033}\ Mg_{0.384})^{VI}$$

$$(Si_{2.836}\ Al_{0.532}\ Fe^{3+}_{0.437}\ Fe^{2+}_{0.196})^{IV}\ O_{10}\ (OH)_2$$

Fast die gesamte Menge an Fe^{2+}-Ionen ist in der Tetraederschicht gebunden, während 34% der Fe^{3+}-Ionen an der Oberfläche in Hydrogelform und nach Ausweis der elektronenmikroskopischen Abbildungen in dem den Glaukonit begleitenden Goethit gebunden sind. Der Einfluß des entstandenen Gels auf die Transportvorgänge bei der Ätzung konnte nicht ermittelt werden. *Gastuche* (1963 a, b) hat in zwei weiteren Arbeiten zu dieser Frage Stellung genommen. Da Teilchenform, -größe und -größenverteilung die Anteile der in Lösung gehenden Kationenmengen wesentlich beeinflussen, nahm *Gastuche* an Stelle des feindispersen Glaukonits Proben von ein und demselben Stück eines großen Biotiteinkristalls und stellte durch Beobachtung des bei der Ätzung entstehenden Hydrogelsaumes das Zeitgesetz für das Fortschreiten der Phasengrenze auf. Es ist linear, d. h., der Gelsaum beeinflußt die Transportvorgänge während des Ätzens nicht. Zur Stützung dieser Aussage wurden noch zwei weitere Experimente mit dem folgenden Ergebnis durchgeführt. Bei der Ätzung mit Salzsäure, die nicht mit Silizium gesättigt war, entstand kein Gelsaum. Der Anteil an gelösten Kationen war jedoch genauso groß wie vorher. Die Ätzung mit Si-gesättigter Salzsäure in zwei gleichen Teilschritten an je vier verschiedenen dicken Biotitblättchen ergab auch jedesmal die gleiche Ätzgeschwindigkeit. Darüber hinaus konnte *Gastuche* die entwickelten Vorstellungen von den einzelnen Phasen des Auflösungsprozesses durch röntgenographische Untersuchung des Gelsaumes bestätigen.

Über die Dekoration von geätztem Glimmer

Die im folgenden beschriebenen neuen Resultate der Ätzmethode an Kristallen der Glimmergruppe wurden im wesentlichen mit Hilfe einer durch Golddekoration dargestellten Feinstruktur der Ätzgruben erhalten. Über Dekoration von geätztem Glimmer ist von anderer Seite noch nicht berichtet worden. Der Verfasser hat jedoch über die in dieser Arbeit vorgelegten Ergebnisse bereits öffentlich vorgetragen (*Brauer* 1965; 1966 a, b; 1967 a, b; 1968).

Unter Dekoration eines Kristalls versteht man ganz allgemein die Sichtbarmachung von Störungen seines Gitters durch Anlagerung kolloidaler Partikel. Darüber hinaus spricht man auch von Dekoration, wenn in einem Oberflächenrelief Unstetigkeiten, die sich sonst der Beobachtung entziehen würden, durch Anlagerung kolloidaler Partikel sichtbar gemacht werden. Die ultramikroskopischen Untersuchungen, die *Siedentopf* (1905) an additiv verfärbten Steinsalzeinkristallen durchgeführt hatte, ließen es „als wahrscheinlich erscheinen, daß es sich bei den Färbungen im wesentlichen um Ausscheidungen von ultramikroskopischen ... metallischen Natrium- (bzw. Kalium-) kriställchen handelt" und „daß diese Teilchen auf unzähligen Kristallspalten sitzen, welche ohne diese Teilchen unsichtbar bleiben würden". Es war das Verdienst von *Rexer* (1932), durch systematische Anwendung dieses zuerst von *Siedentopf* beschriebenen Dekorationseffektes eine Möglichkeit zur Beobachtung der bei der Plastizierung von NaCl-Kristallen im Innern ablaufenden Vorgänge aufgezeigt zu haben. Von *Bassett* (1958) wurde eine hochauflösende Dekoration zur Markierung von Stufen im Oberflächenrelief von NaCl-Kristallen angegeben. Der Dekorationseffekt der Methode nach *Bassett* beruht darauf, daß im Hochvakuum auf die zu untersuchende Oberfläche des Objektes aufgedampfte Metallatome bevorzugt an Stufen des Oberflächenreliefs Kristallkeime bilden. Durch geeignete Temperaturen des zu dekorierenden Objektes zur Erzielung einer hinreichenden Beweglichkeit der aufgedampften Metallatome auf der Oberfläche und durch entsprechende Dosierung der Aufdampfmenge läßt man die Kristallkeime zu Kristallen von einigen 10 Å Durchmesser anwachsen und hebt sie mit einer möglichst strukturlos aufgedampften Kohlefolie (*Bradley* 1954) ab. Bei der elektronenmikroskopischen Durchstrahlung dieser Folie liefern dann die Dekorationskristalle durch ihren Kontrast ein Bild vom Oberflächenrelief des dekorierten Objektes, welches mit den Isohypsen in einer Landkarte vergleichbar ist. Die höchstmögliche laterale Auflösung der Reliefeinzelheiten liegt in der Größenordnung von 100 Å. Die Tiefenauflösung ist gleich der dekorierten Stufenhöhe. *Bethge* und *Schmidt* (1959) haben Spaltflächen von Steinsalzkristallen durch selektive Kristallisation von aufgedampftem Steinsalz dekoriert. So ließen sich z. B. die Aufwachshügel längs einer durch ihr „river-pattern" erkennbaren Feinkorngrenze von den übrigen Aufwachshügeln durch ihre Größe deutlich unterscheiden. Der mit Thalliumtetrafluorid schrägbedampfte Kohleabdruck vermittelte dann als elektronenmikroskopisches Durchstrahlungspräparat einen räumlichen Eindruck der neuentstandenen Oberfläche. *Distler* und *Daryusina* (1962) berichteten über Dekorationseffekte, die auf Glimmeroberflächen durch Fällung von Bleisulfid erzielt wurden. Sie verwendeten Lösungen von Bleiacetat (4%), Thioharnstoff (2%) und Ätznatron (2%) im Verhältnis 1 : 3 : 3. Entsprechend dem Temperaturintervall von 3 bis 34 °C variierten sie die Fällungszeiten von zwei Stunden bis herab zu wenigen Sekunden. Auch hier wurde das Bild der Oberfläche des dekorierten Kristalls durch einen Kohleabdruck nach *Bradley* (1954) vermittelt. Zur Kontraststeigerung diente eine Schrägbedampfung mit einer Gold-Palladium-Legierung. *Mehl* und *Coutts* (1963) haben die (111)-Spaltfläche von Germanium in einem Goldcyanidbad unmittelbar nach der Spaltung elektrochemisch dekoriert und so nachweisen können, daß die im Lichtmikroskop eben erscheinenden Spaltflächen von vielen Stufen in [110]-Richtung durchzogen sind. Die Dekoration besteht wie bei dem Verfahren nach *Bassett* aus den an den Stufen angelagerten Goldkriställchen.

Ob mit einem der oben genannten Verfahren zur Dekoration der Oberfläche Stufen im Ätzgrubenrelief von Glimmer sichtbar zu machen waren, hing von der Neigung der eine Ätzgrube begrenzenden Flächen gegen die Spaltebene des Glimmers und von der sich einstellenden Stufenhöhe ab. *Patel* und *Tolansky* (1957) hatten an spitz zulaufenden Ätzgruben in Muskovit interferometrisch und mit dem Lichtschnittverfahren eine maximale Neigung der Flächen gegen die Spaltfläche von 3° gemessen. Bei einer lateralen Auflösung von 100 Å wäre dann eine Mindeststufenhöhe von 5 Å notwendig. Über die zu erwartende Stufenhöhe in durch Ätzung von Muskovit entstandenen Flächen verschieden von (001) konnten jedoch nur Annahmen gemacht werden. Als erster Anhalt diente die schon von *Pauling* (1930) theoretisch begründete Ansicht, daß die Glimmer in der Ebene spalten würden, die von den Alkali bzw. von den Erdalkali-Ionen besetzt ist. Der Abstand zweier solcher Ebenen beträgt in allen Glimmern ~ 10 Å. Die bei einer Spaltung sich einstellende Stufenhöhe würde demnach 10 Å oder ein ganzzahliges Vielfaches davon betragen müssen, unabhängig von der Höhe der Elementarzelle, d. h. unabhängig von der Schichtzähligkeit des betreffenden Glimmers. Diese niedrigste mögliche Spaltstufenhöhe von 10 Å ist aber bisher experimentell noch nicht direkt nachgewiesen worden. *Tolansky* (1943, 1945, 1946) neigte nach umfangreichen Messungen zu der Ansicht, daß am zweischichtigen Muskovit die Elementarzellenhöhe von 20 Å auch die Spaltstufenhöhe vorschreibt. Mit der von *Courtney-Pratt* (1950) gemessenen Spaltstufenhöhe von 30 Å am zweischichtigen Muskovit dürfte aber der experimentelle Nachweis als erbracht gelten, daß die alle Glimmer aufbauende Einzelschicht von 10 Å Dicke auch die Spaltstufenhöhe vorschreibt.

Die Möglichkeit, daß die beiden chemisch und strukturell gleichwertigen Tetraedernetzwerkschichten, aus denen sich eine Molekülschicht der Glimmer aufbaut, dem

Ätzangriff einzeln ausgesetzt sind, würde die Stufenhöhe im Ätzrelief auf 5 Å reduzieren. Mit einer Ausbildung von Stufen noch geringerer Höhe war nicht zu rechnen, da die SiO_4-Tetraeder weniger dicht gepackt sind als ihre Bausteine selbst. Eine Dekoration mit Hilfe der von *Bassett* (1958) angegebenen Methode mußte demzufolge ein Ätzgrubenrelief in Muskovit gerade noch auflösen. Ob und inwieweit eine durch die Ätzung auf der Oberfläche des Glimmers zurückbleibende Passivschicht den Dekorationseffekt beeinträchtigt, konnte nur durch Experimente geklärt werden.

Nun findet bei der notwendigen Erwärmung zur Erzielung einer hinreichenden Beweglichkeit der aufzudampfenden Metallatome auf der Oberfläche bei den natürlichen Glimmern eine Dehydrierung statt, deren zu erwartender Einfluß auf den Dekorationseffekt ebenfalls unbekannt war. Um bei den ersten Versuchen den Einfluß der fortlaufenden Dehydrierung während der Erwärmung des Glimmers im Vakuum möglichst zu umgehen, wurde als Dekorationsmaterial wegen seines niedrigen Schmelzpunktes von 231,8 °C Zinn gewählt. *Roy* (1949) konnte zeigen, daß bei Temperaturen bis zu 300 °C die Dehydrierung von Muskovit nach einer Anlaufzeit in der Größenordnung von einer Stunde praktisch zum Stillstand kommt. Die relativ hohe Atomnummer von Zinn gegenüber der von Kohlenstoff bot die Gewähr, daß die Dekoration im elektronenmikroskopischen Bild auch einen hinreichenden Kontrast liefert. Da weder Erfahrungen über Zinndekoration vorlagen, noch aus der Literatur Angaben hierzu zu entnehmen waren, wurde für die ersten Experimente der Ofen, welcher den zu dekorierenden Glimmer bis auf eine Öffnung für den Durchtritt des Aufdampfstrahles allseitig umschloß, zur Abkürzung der Anheizzeiten aus Molybdänblech hergestellt und direkt durch Joulesche Wärme geheizt. Eine Messung der Temperatur der Oberfläche des Glimmers während der Dekoration ist nicht durchgeführt worden.

Zur reproduzierbaren Dosierung der Aufdampfmenge diente wegen der schwer herzustellenden Einwaage bei dem in Spänen vorliegenden Zinn eine spezielle Kontrolleinrichtung, so daß aus einem Vorrat heraus aufgedampft werden konnte. Diese Kontrolleinrichtung bestand aus einem feuerpolierten Glas mit zwei Kontakten, die über ein Ohmmeter mit einem Meßbereich von 0–10 MΩ kurzgeschlossen waren. Die Meßstrecke wurde gleichzeitig mit dem Objekt bedampft und der Aufdampfvorgang nach einem bestimmten Widerstandsabfall unterbrochen. Die mengenmäßige Begrenzung des zur Dekoration aufgedampften Zinns hing dann noch von dem Verhältnis der beiden Abstände (Verdampfer-Objekt)/(Verdampfer-Kontrollobjekt) ab. Es lag zuletzt bei 10 : 1.

Die ersten Versuche zu einer Zinndekoration wurden an frischen Spaltflächen von Muskovit durchgeführt. Dabei zeigte sich, daß die zum Abheben der Zinnkristalle aufgedampfte Kohlefolie zur Übertragung auf ein Objektträgernetz in Wasser nur schwer abschwimmt. In Flußsäure schwimmt sie gut ab, aber das Zinn geht dabei in ein wasserlösliches Zinnfluorid über, und am Schluß der Präparation steht nur eine kontrastarme Kohlefolie als elektronenmikroskopisches Durchstrahlungspräparat zur Verfügung. Man kann zur Kontrasterhöhung statt der reinen Kohlefolie einen Kohle-Platin-Abdruck der Zinnkriställchen herstellen und in Flußsäure abschwimmen. Die mit der Flußsäure aufgefischten Verunreinigungen können jedoch nur schlecht durch eine nachfolgende Reinigung entfernt werden. Wenn man aber eine nach der Dekoration aufgedampfte reine Kohlefolie vor dem Abschwimmen in Wasser im Flußsäuredampf vorlöst, bleibt das Präparat sauber und nur wenige Zinnkriställchen werden herausgelöst. Man erhält ein Bild mit hinreichendem Kontrast. Die Dekoration von geätztem Muskovit gelang in den Vorversuchen noch nicht. An Muskovitproben, die zum Studium der Dehydrierung von Glimmer thermisch vorbehandelt waren, konnten Bruchkanten an Aufknickungen mit Zinnkriställchen bei

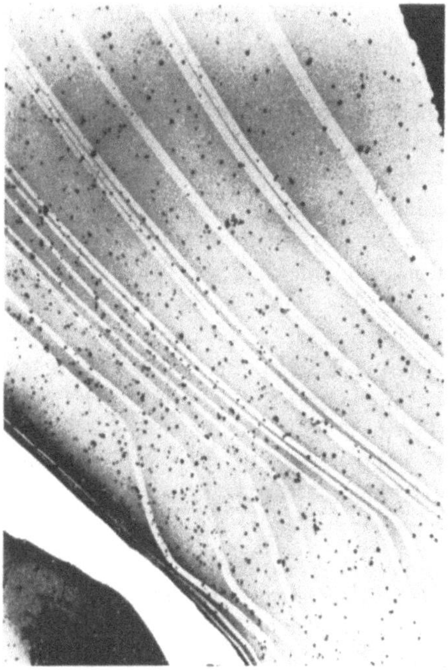

Abb. 1. Spaltstufenrelief auf Muskovit (2500fach, Sn-Dekoration)

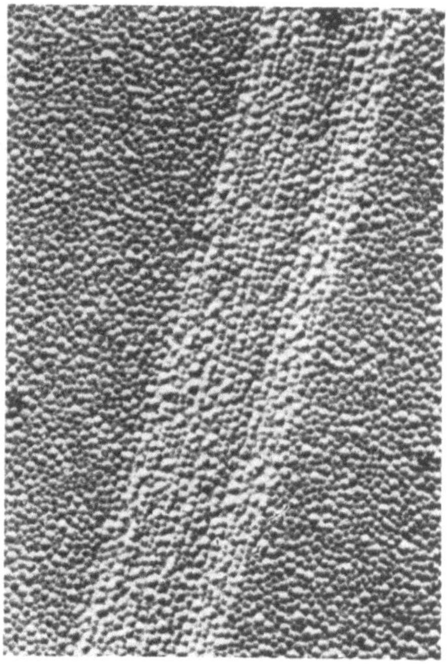

Abb. 2. In Einzelstufen aufgelöste Spaltstufe in Muskovit (28 000fach, Sn-Dekoration)

einer lateralen Auflösung von 130 Å dekoriert werden. Es gelang auch mit dem aus dem Kohlebogen verdampften Platin einen Dekorationseffekt zu erzielen. Trotzdem wurde von einer Weiterentwicklung der Zinndekoration an Muskovit bis zu einer optimalen Auflösung abgesehen, da in Parallelversuchen mit einer Golddekoration bessere Ergebnisse erzielt wurden. Das bezog sich vor allem auf die notwendige Behandlung der Präparate mit Flußsäure. In Abb. 1 bis 4 sind Beispiele aus den ersten Versuchen wiedergegeben.

Für die Golddekoration diente ein Ofen aus Kupfer mit relativ großer Wärmekapazität zum Ausgleich von Temperaturschwankungen, der wieder den zu dekorierenden Glimmer allseitig bis auf die für den Dampfstrahl notwendige Öffnung umschloß. Er war für Temperaturen bis 500 °C im Dauerbetrieb ausgelegt und wurde indirekt geheizt. Da das Gold in Drahtform vorlag, konnte die aufzudampfende

Menge durch Einwaage festgelegt werden. Für die einzelnen Glimmerproben waren auch bei einheitlicher Dicke die zur Erzielung eines Dekorationseffektes erforderlichen Aufheizzeiten je nach Farbe und Absorption verschieden. Die Aufheizzeiten ließen sich jedoch für alle Glimmer bei Ofentemperaturen um 500 °C einheitlich auf 1 Stunde herabsetzen, wenn die Rückseite der Proben mit einer Kohleschicht zur Absorption der Wärmestrahlung versehen war. Bei den klaren Glimmern bedeutete dieser zusätzliche Arbeitsgang in der Präparation eine Einsparung von zwei Stunden

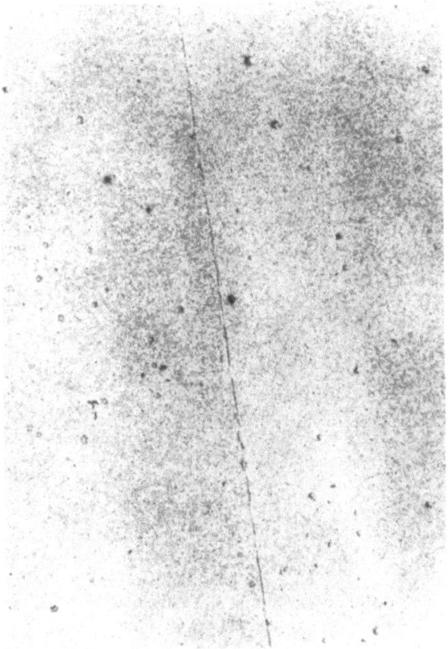

Abb. 3. Dekorierte Bruchkante in Muskovit (16 000fach, Sn-Dekoration)

Abb. 4. Dekorationseffekt durch Platin an Spaltstufen von Muskovit (18 000fach)

Aufheizzeit. Nur für kleine Stücke von wenigen mm² Größe wurde gelegentlich von einer Kohlebedampfung der Rückseite abgesehen und die notwendige Aufheizzeit vorher abgeschätzt. Der Kohlefilm mit der Golddekoration mußte zum Abschwimmen in Wasser mit 40° heißem Flußsäuredampf vorgelöst werden. Die Vorlösung war stets ausreichend, wenn die vorher spiegelglatte Kohleschicht im reflektierten Licht einen matten Glanz zeigte.

Neue Resultate der Ätzmethode an Kristallen der Glimmergruppe

Muskovit

Ätzversuche an Muskovitkristallen verschiedener Herkunft (vgl. Tab. 1) ergaben bis auf zwei Ausnahmen lichtmikroskopisch nachweisbare Ätzgruben so, wie sie bereits von anderen Autoren beschrieben worden sind. Die erste Ausnahme bildete ein Muskovit aus Borstendorf im Erzgebirge (Tab. 1, Nr. 7). Es entstanden bei der Ätzung mit flüssigem Kaliumhydroxid anomale Ätzgruben mit schlauchförmigem Fortsatz (Abb. 5). Dieser Muskovit enthielt fossile Bahnspuren von Urankernbruchstücken, die durch Ätzung in Flußsäuredampf entwickelt und lichtmikroskopisch nachgewiesen werden konnten. Es lag daher nahe, als Ursache für die schlauchförmigen Fortsätze der Ätzgruben fossile Bahnspuren anzunehmen. Der Nachweis für

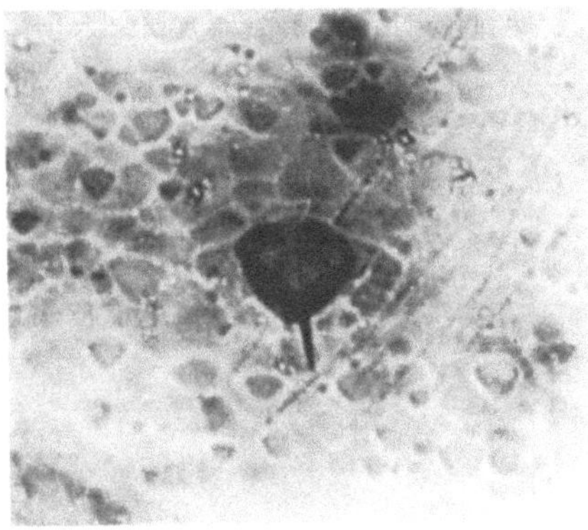

Abb. 5. Anomale Ätzgrube mit schlauchförmigem Fortsatz in Muskovit (600fach, KOH-Ätzung)

die Richtigkeit dieser Annahme wurde an zehn verschiedenen Stücken dieses Muskovits erbracht. Nach der Spaltung konnten die Orte der mit Flußsäuredampf erzeugten Ätzkanäle in der frischen Spaltfläche der einen Hälfte mit denen der anomalen Ätzfiguren in der frischen Spaltfläche der anderen Hälfte zur Deckung gebracht werden (Abb. 6). Die Richtungen der einander entsprechenden Bahnspuranteile in den beiden Kristallhälften sind in der Abbildung durch Spiegelung ineinander überführbar. Abb. 6 b gibt ein fortgeschrittenes Stadium der KOH-Ätzung wieder.

Die Bahnspur stellt eine Leitlinie dar, längs der die Spitze der Ätzgrube während der Ätzung fortschreitet. Wenn die Leitlinie in ihrer ganzen Länge durch die Ätzung

Tabelle 1. Licht- und elektronenmikroskopisch untersuchte Muskovite

Nr.	Fundort	Sammlung	Bemerkungen	Schichtstruktur
1	Modum/Norwegen	2/20 043*	Sammlung *Hausmann* 1863	$2M_1$
2	Epprechtstein/Fichtelgebirge	2/13 105	nur Zinnwaldit nachweisbar	1M
3	unbek.	2/12 924	mit Magnetiteinschlüssen	$2M_1$
4	unbek./Indien	—	—	$2M_1$
5	Bamle	1/1 902	—	$2M_1$
6	South-Dakota (Custer Co)/USA	3/	—	$2M_1$
7	Borstendorf/Erzgebirge	3/	—	$2M_1$
8	Kragerö/Norwegen	3/	—	$2M_1$
9	unbek.	—	aus Kondensatoren ausgebaut	$2M_1$
10	unbek.	2/	4 dm^2 große Platte/vermutlich Indien	$2M_1$
11	Uluguru-Gebirge/Tanganjika/Ostafrika	3/	—	$2M_1$
12	Pegmatitgrube Parkstein/Oberpfalz	—	—	$2M_1$
13	Chester County/Pennsylvania/USA	1/2 107	—	$2M_1$
14	Delaware/USA	1/1 039	—	$2M_1$
15	Richtplatz bei Aschaffenburg	1/	als Kaliglimmer ausgezeichnet gewesen	$2M_1$
16	unbek.	—	grobe Einschlüsse/Häufungen von fission tracks	$2M_1$
17	unbek.	—	vermutlich Indien	$2M_1$
18	unbek.	—	vermutlich Indien	$2M_1$
19	unbek.	1/12 918	—	$2M_1$
20	unbek.	1/20 180	—	$2M_1$
21	unbek.	1/20 197	—	$2M_1$
22	unbek.	—	—	$2M_1$
23	unbek.	—	—	$2M_1$
24	Sultan Basin/Snohomish County/USA	—	vgl. *Axelrod* (1949), *Smith* (1956)	3T

* Sammlung 1/ . . . Univ. Halle
2/ . . . Univ. Greifswald
3/ . . . Bergakademie Freiberg
4/ . . . Univ. Berlin
5/ . . . Vysoká Skola chemisko-technologicka Prag
(gilt auch für die Tabellen 2 · · · 5)

freigelegt ist, dann wird die Ätzgrube nur noch im Durchmesser größer. Sie erhält einen flachen Grund. Im Fall der Ätzung mit Flußsäure oder Flußsäuredampf ist der spontane Ätzangriff auf der gesamten Länge der Bahnspur verständlich, obwohl der Durchmesser des amorphen Bereiches der Bahnspur nur wenige 10 Å beträgt. Das Ätzmittel und die am stärksten vertretenen Reaktionsprodukte sind dampfförmig. Bei der Ätzung mit flüssigem Kaliumhydroxid beobachtet man im allgemeinen auch die Ausbildung eines Ätzkanals, dessen Durchmesser mit zunehmender Ätzzeit zunimmt. Sein oberes Ende ist jedoch durch eine ständig größer werdende spitz zulaufende Ätzgrube erweitert, wodurch der Eindruck einer Ätzgrube mit einem schlauchförmigen Fortsatz entsteht.

Abb. 6. a

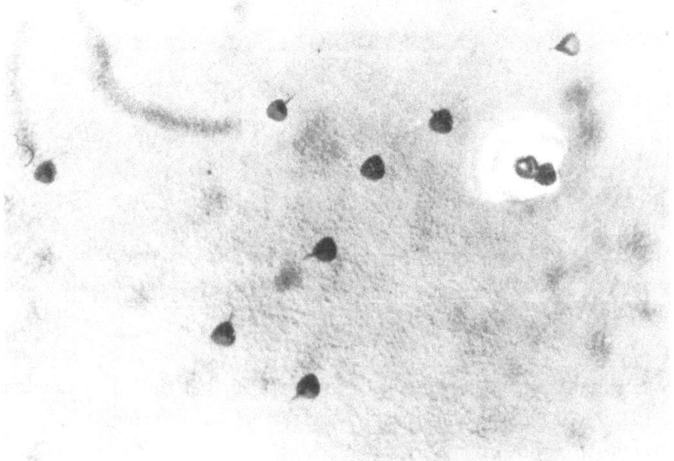

Abb. 6. b

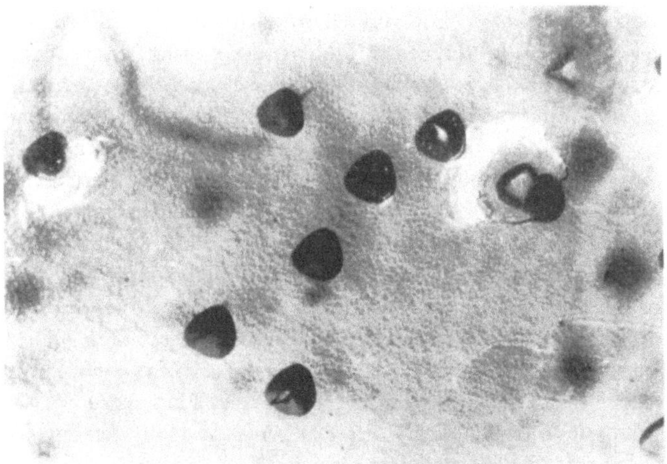

Die Ausbildung der Kanäle kann auch gänzlich ausbleiben. Dann entstehen gewöhnliche Ätzgruben ohne schlauchförmige Fortsätze. Ein ganz analoges Ätzverhalten liegt bei der Ätzung mit flüssigem Natriumhydroxid vor.

Abb. 6. c

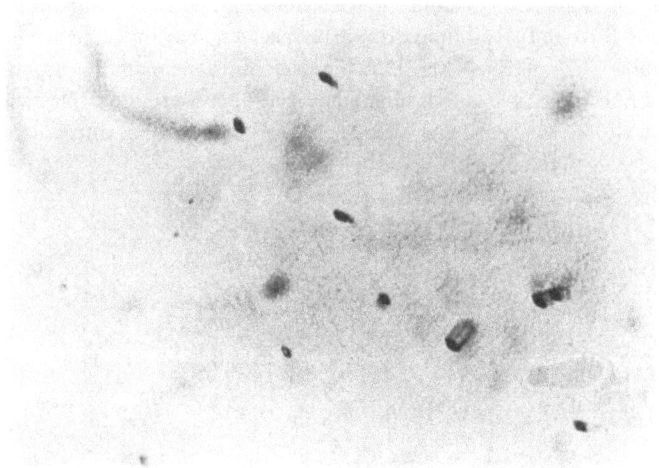

Abb. 6. Deckungsgleiche Anordnungen von anomalen Ätzgruben mit schlauchförmigem Fortsatz (a und b) und Ätzkanälen (c) in den einander gegenüberliegenden Spaltflächen von Muskovit (380fach)

Ätzkanal und Ätzgrube sind Grenzfälle, bei denen entweder das Kristallmaterial längs der Leitlinie spontan herausgeätzt wird, oder die Leitlinie nur Anlaß zum Tiefenwachstum einer Ätzgrube ist.

Die einen Ätzkanal begrenzenden Flächen gehören den Zonen [110] und [1$\bar{1}$0] an. Ebenso gehören diesen Zonen Flächen an, welche Ätzporen in dünnen Muskovitschichten begrenzen. Die von *Fleischer, Price* und *Walker* (1963 a) künstlich erzeugten Ätzporen in dünnen Muskovitstücken sind strenggenommen Ätzkanäle. Als Ätzporen mit relativ großem Durchmesser sind die Ätzgruben zu bezeichnen, welche aus zwei oder mehreren sich in entgegengesetzter Richtung entwickelnden Ätzgruben entstanden sind. In ihnen bilden sich nach hinreichender Ätzzeit Flächen aus, die ebenfalls den Zonen [110] und [1$\bar{1}$0] angehören. Auch wenn eine goniometrische Vermessung solcher Flächen bei den genannten Beispielen nicht möglich ist, läßt die parallel zur (001)-Fläche liegende Querschnittsfläche mit ihrer stets einheitlichen Berandung in Form eines Rhombus mit Winkeln von 60° und 120° keinen anderen Schluß über die Zonenzugehörigkeit dieser Begrenzungsflächen zu.

Abb. 7 zeigt eine Ätzpore im Entwicklungsstadium. Die sich durchdringenden Ätzgruben bilden einen Lösungskörper höherer Symmetrie aus. An den Interferenzen ist die Zugehörigkeit der neu entstehenden Flächen zu den Zonen [110], [1$\bar{1}$0] und [100] gut zu erkennen. Die Flächen der Zone [100] verschwinden jedoch bei der Ausbildung des Endkörpers der Lösung.

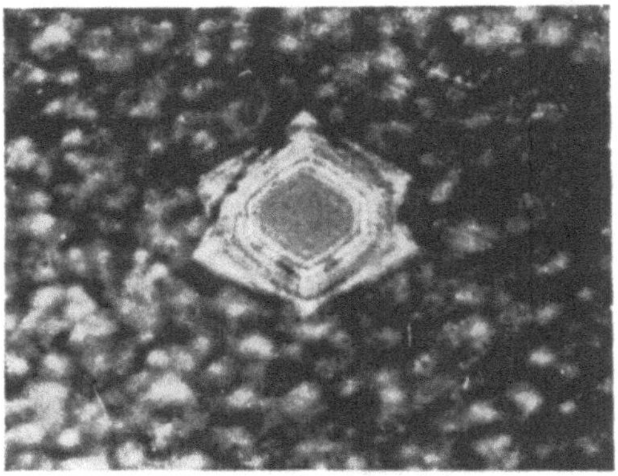

Abb. 7. Ätzpore in Muskovit im Entwicklungsstadium (900fach, KOH-Ätzung)

Warum bei den gewöhnlichen Ätzgruben die sie begrenzenden Flächen zunächst nicht diesen Zonen angehören und warum ihre Neigung gegen die (001)-Fläche nicht nur von der Geschwindigkeit des Tiefenwachstums längs der Leitlinie abhängig ist, konnte erst durch die Auflösung ihrer Feinstruktur geklärt werden.

Ganz allgemein wurde festgestellt, daß sich die einzelnen Schichten eines Glimmers gegenüber dem Ätzmittel wie weitgehend selbständige Kristalleinheiten ver-

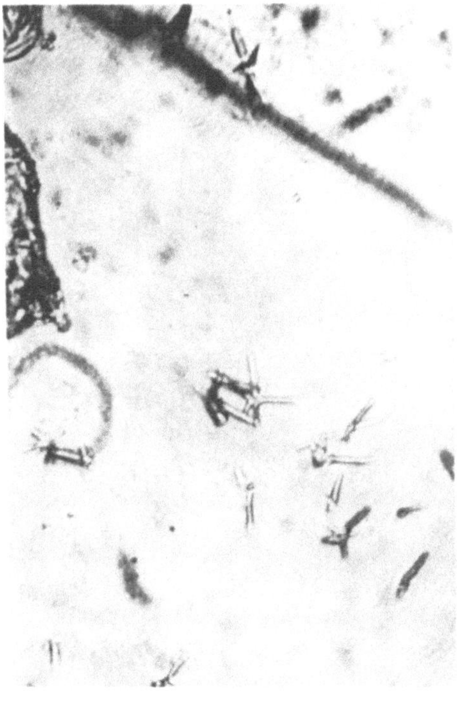

Abb. 8. a

Abb. 8. b

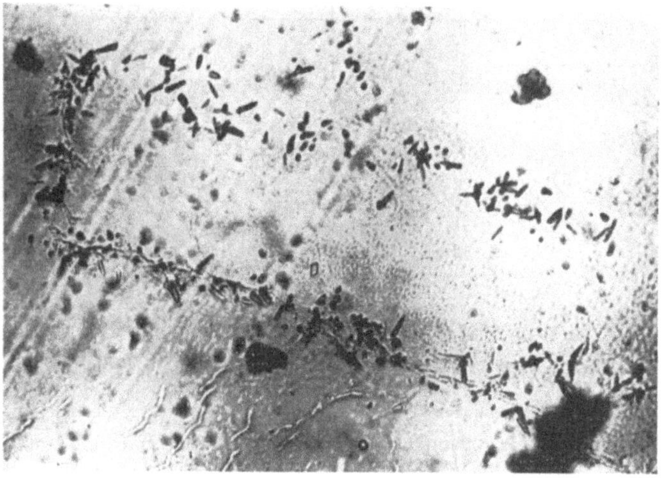

Abb. 8. c

Abb. 8. Fossile Bahnspuren von Kernbruchstücken in Muskovit. a) 440fach, b) 90fach, c) 220fach

halten, solange der Abstand zweier Stufen im Ätzrelief groß gegen die Schichtdicke ist. Es ist dabei gleichgültig, ob die Leitlinie eine Versetzungslinie, die Bahnspur eines schweren Ions, wie z. B. eines Kernbruchstückes von Uran, eine eingewachsene eindimensionale Störung der Stöchiometrie des Gitters oder sonst irgendeine ein-

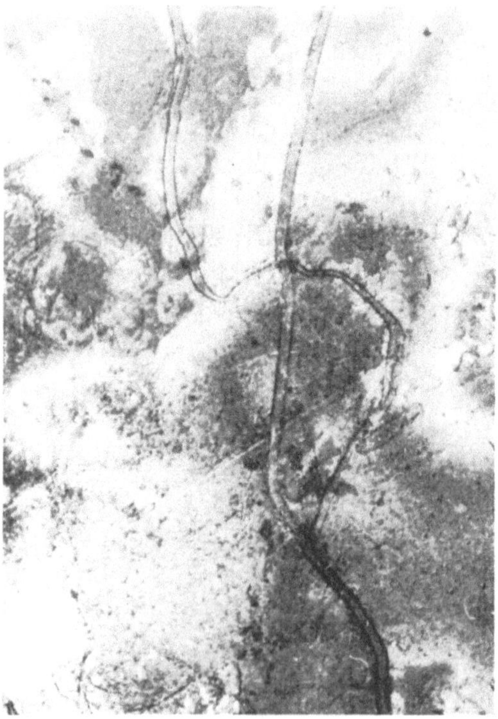

Abb. 9. a

dimensionale Inhomogenität des Gitters ist. Die Ätzung der Einzelschicht erfolgt nach einer charakteristischen zweidimensionalen Lösungsfigur.

Beim Muskovit kommt es nicht zur Ausbildung der Endfiguren der Lösung und damit zu ebenen Vizinalflächen, weil die Stufen schon vorher längs kurzer Strecken paarweise benachbart sind und die so gebildeten „Vizinalflächen" mit einer „Breite" von zwei Stufenhöhen erst wieder bei Nachbarschaft untereinander ebene Flächen auszubilden beginnen.

Abb. 9. b

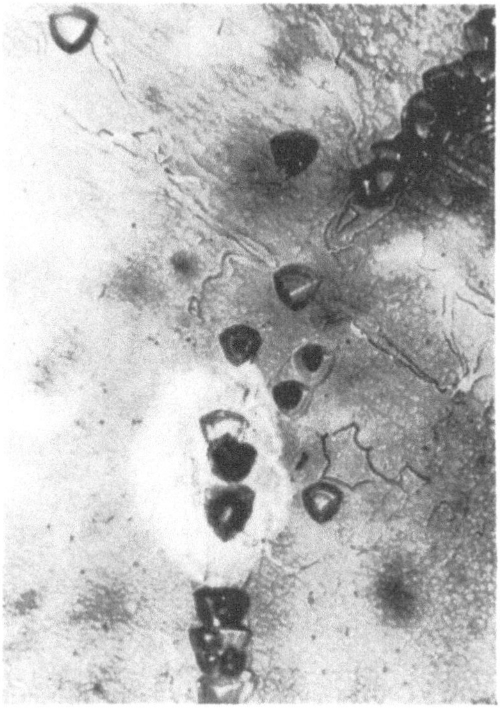

Abb. 9. Deckungsgleiche Anordnungen von Ätzkanälen (a) und Ätzgruben (b) längs eines Risses in den einander gegenüberliegenden Spaltflächen von Muskovit (380fach)

Das im Borstendorfer Muskovit durch Anätzen der fossilen Bahnspuren nachweisbare Uran war in weiten Bereichen durch isolierte einzelne Kernspaltungen gekennzeichnet, d. h., das Uran lag atomar fein verteilt vor. Es gab aber auch Bereiche, in denen zwei und mehr spontane Kernspaltungen ein gemeinsames Zentrum hatten (Abb. 8 a). In Abb. 8 b ist ein Beispiel für eine ungeordnete Häufung von Zerfallsereignissen dargestellt. Es wurden auch lineare Anordnungen gefunden (Abb. 8 c). Daß es sich bei den linearen Anordnungen um Zerfallsereignisse in uranhaltiger Substanz handelt, die erst nach tektonischer Verformung des im Gestein eingebetteten Muskovits in diesen eindringen konnte, wird mit Hilfe der Abb. 9 nachgewiesen. Die Bahnspuren gehen alle von einem Riß aus, der im Kristall endet. Um das Auffinden solcher Fälle beim Absuchen der Präparate unter dem Lichtmikroskop zu erleichtern, wurde stets eines der Spaltstücke mit Kaliumhydroxid geätzt und zuerst durchgesehen. Zur Identifizierung der fossilen Kernspaltungen wurden auf dem anderen mit Flußsäuredampf geätzten Spaltstück die entsprechenden Stellen mit denen im zuerst durchgesehenen Spaltstück verglichen.

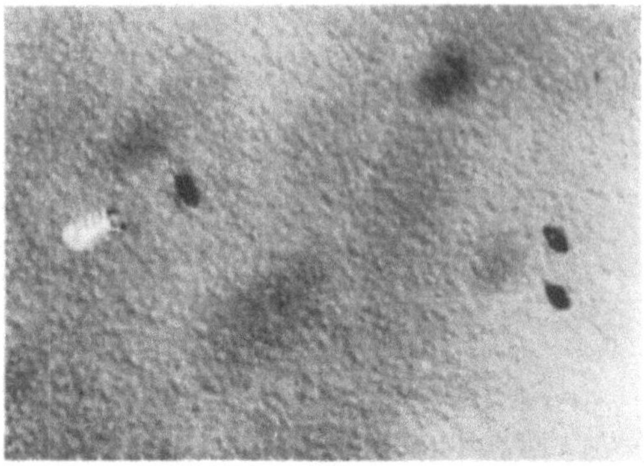

Abb. 10. a

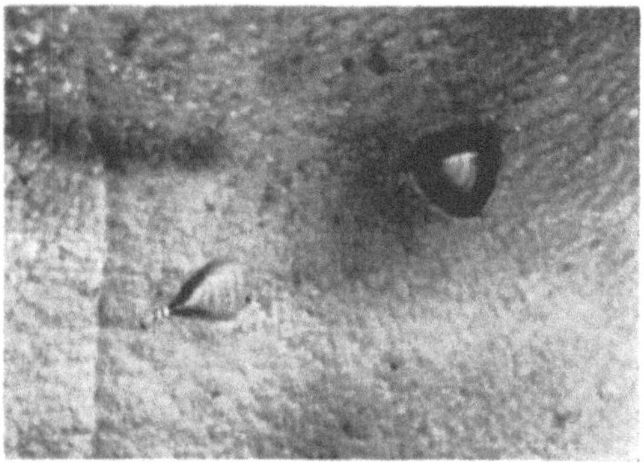

Abb. 10. b

Abb. 10. Keilschichtinterferenzen in Muskovit. a) durch wenig zur Spaltfläche geneigten Ätzkanal, b) durch wenig zur Spaltfläche geneigten schlauchförmigen Fortsatz. Vergrößerung: 600fach

Die periodischen Helligkeitsschwankungen bei der lichtmikroskopischen Abbildung mancher Ätzkanäle und schlauchförmiger Fortsätze sind Interferenzen in Keilschichten. Sie entstehen bei geringer Neigung des Kanals gegen die Spaltfläche (Abb. 10). Gelegentlich traten isoliert liegende Bahnspursterne auf (Abb. 11). Darüber hinaus konnte in nadelförmigen Einschlüssen im Borstendorfer Muskovit eine Anreicherung von Uran durch Anätzen der Bahnspuren nachgewiesen werden (Abb. 12).

Die von *Patel* und *Tolansky* (1957) an australischen Muskoviten gefundenen „Schwingen“ an den Ätzfiguren wurden auch am Borstendorfer Muskovit beobachtet.

In Bereichen von einigen mm^2 Größe ging bei allen Ätzkanälen der Querschnitt nach einer bei den einzelnen Kanälen unterschiedlichen Tiefe diskontinuierlich auf einen kleineren zurück (Abb. 13). Das Teilstück mit dem großen Querschnitt war bei allen Bahnspuren ohne Ausnahme der Spaltfläche zugekehrt. Dieser Sachverhalt weist ebenfalls auf tektonische Verformungen des Kristallmaterials hin. Diese haben nicht nur das nachträgliche Eindringen uranhaltiger Substanz ermöglicht, sondern auch durch Abgleitung von Kristallmaterial in diesem bereits vorhandene fossile

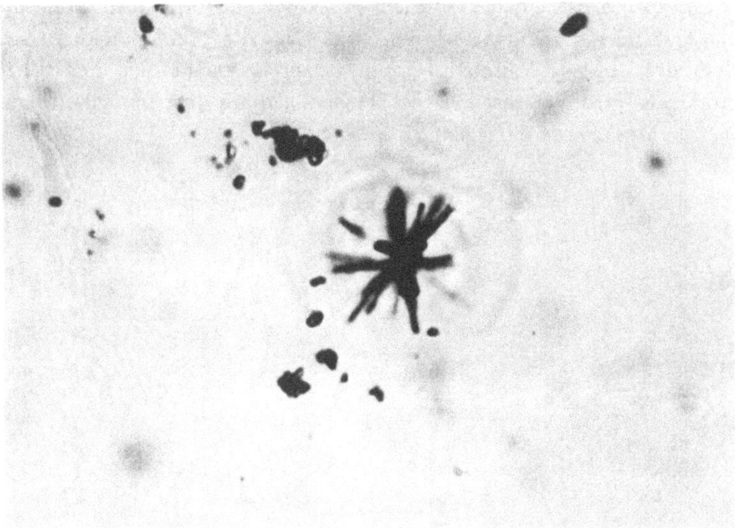

Abb. 11. Bahnspurstern in Muskovit (1100fach)

Bahnspuren abgeschert. Die diskontinuierliche Änderung der Ätzkanalquerschnitte zeigt dann jeweils die Scherstelle an. Erst bei hinreichendem Querschnitt des von der Spaltfläche ausgehenden geätzten Bahnabschnittes erhielt das Ätzmittel Zugang zu dem darunterliegenden seitlich versetzten Teil der Bahnspur.

Abb. 12. Von nadelförmigen Einschlüssen in Muskovit ausgehende fossile Bahnspuren (220fach)

Die zweite Ausnahme stellte ein Muskovit dar, dessen Struktur röntgenographisch als 3T-Struktur bestimmt worden war. Das Ätzrelief unterschied sich deutlich von dem der übrigen Muskovite. Zum besseren Verständnis der Einzelheiten dieses Ätzreliefs wird zunächst auf die neuen Resultate der Ätzmethode an den „gewöhnlichen" Muskoviten eingegangen.

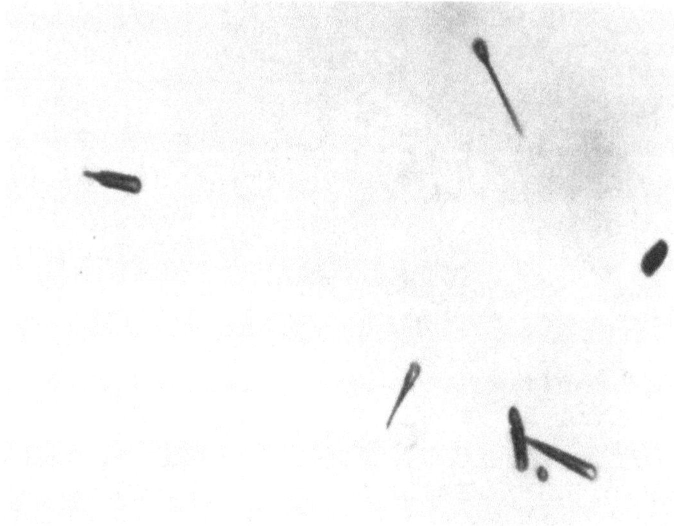

Abb. 13. Diskontinuierliche Änderungen von Ätzkanalquerschnitten in Muskovit (1100fach)

Die Dekoration der geätzten „gewöhnlichen" Muskovite ließ eine für alle untersuchten Ätzgruben in ihren wesentlichen Merkmalen einheitliche Feinstruktur erkennen. Diese Merkmale waren unabhängig vom Fundort der Probe, vom Ätzmittel

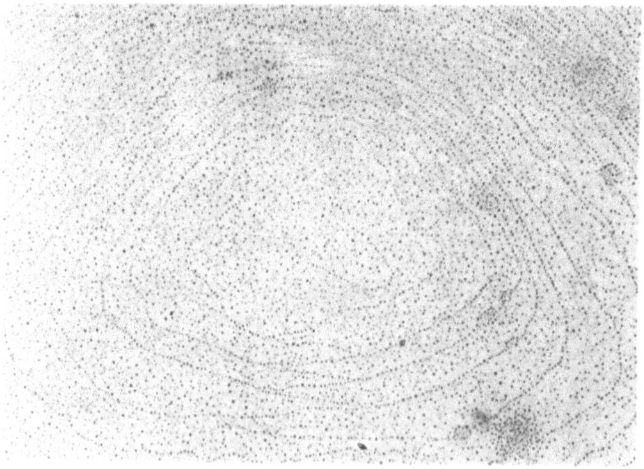

Abb. 14. Dekorierte Feinstruktur einer Ätzgrube in Muskovit (140 000fach, HF-Ätzung)

und von den Ätzparametern. Nach Flußsäuredampfätzung und Dekoration erkennt man im Grund der meisten Ätzgruben eine in sich geschlossene Dekorationslinie (Abb. 14). Sie markiert immer eine zuletzt entstandene Terrassenstufe. Das „Oval" der zuvor entstandenen ist gegen das der nachfolgenden um einen Winkel $< \pi$ und $> \pi$ 2 verschwenkt. Es hat wegen des kleineren Krümmungsradius das der zuvor erzeugten Terrassenstufe meist schon eingeholt und bildet mit diesem längs zweier

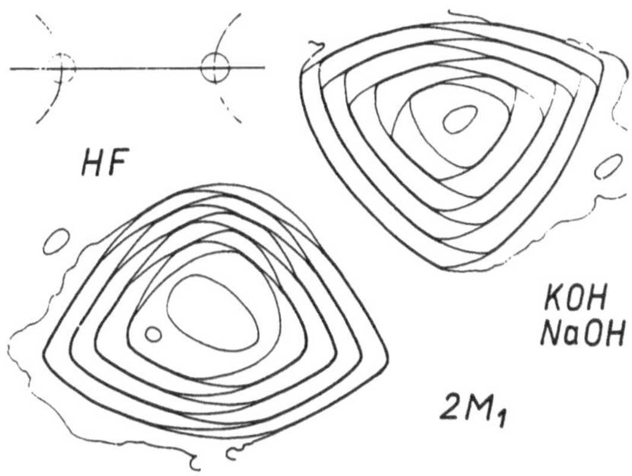

Abb. 15. Schematische Darstellung der Feinstruktur einer Ätzgrube in Muskovit; links: HF-Ätzung, rechts: KOH- und NaOH-Ätzung. Die unterschiedliche Strichdicke entspricht der unterschiedlichen Stufenhöhe

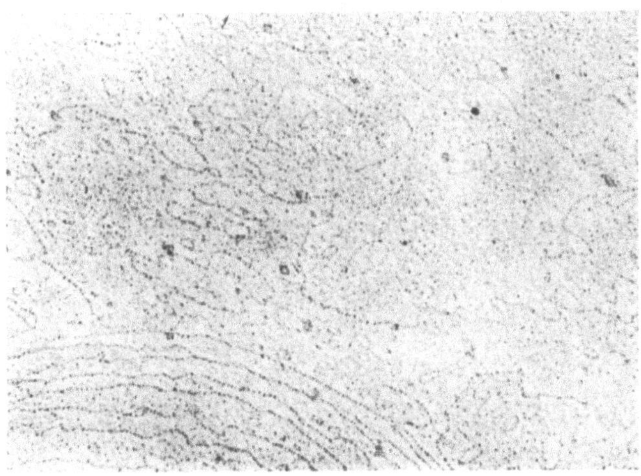

Abb. 16. Dekorierte Feinstruktur der geätzten Spaltfläche von Muskovit. Die „Ovale" in den übereinanderliegenden Einzelschichten sind mit den Schichten gegenseitig um 120° verschwenkt (50 000fach, HF-Ätzung)

gegenüberliegender Seiten eine gemeinsame Terrassenstufe mit der doppelten Stufenhöhe. Wie man der Abbildung entnehmen kann, erfolgen die Verschwenkungen alternierend. Auf diese Weise kommt es zu Verzweigungen der Stufen nach dem in Abb. 15 dargestellten Schema. Die nicht im Grund einer Ätzgrube auftretenden „Ovale" haben die gleiche azimutale Orientierung, wenn sie in einer geradzahlig darauf folgenden Schicht liegen. In den ungeradzahlig folgenden Schichten liegt ihre einheitliche Verschwenkung ebenfalls bei einem Wert $< \pi$ und $> \pi/2$ (Abb. 16 und

17). Die kleinsten „Ovale“ nähern sich der Kreisform. Sie stellen sozusagen das Abbild eines Lochkeimes von Einzelschichttiefe dar. Auch wenn der Winkel der Verschwenkungen nur grob geschätzt werden kann, ist doch kein Zweifel möglich, daß es sich hier um die alternierende Schwenkung der Einzelschichten des zweischichtigen Muskovits um 120° entsprechend der $2M_1$-Struktur handelt. Eine nach dem lichtmikroskopischen Bild beurteilte Ätzgrube hat eine Spiegelebene in (010). In der

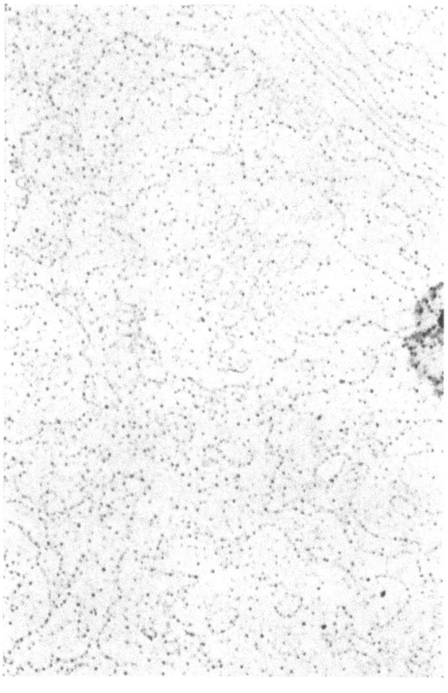

Abb. 17. Dekorierte Feinstruktur der geätzten Spaltfläche von Muskovit. Die „Ovale“ in den übereinanderliegenden Einzelschichten sind mit den Schichten gegenseitig um 120° verschwenkt (51 000fach, KOH-Ätzung)

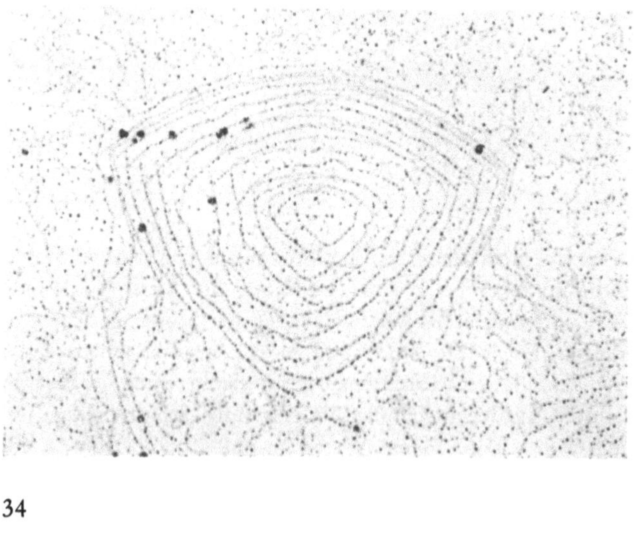

Abb. 18. Dekorierte Feinstruktur einer Ätzgrube in Muskovit (51 000fach, KOH-Ätzung)

durch die Dekoration sichtbar gemachten Feinstruktur der Ätzgruben manifestiert sich dagegen die Gleitspiegelebene c des zweischichtigen Muskovits in Übereinstimmung mit der röntgenographisch bestimmten Raumgruppe $C_{2h}^{6} = C\,2/c$. Bei der Ätzung mit flüssigem Alkalihydroxid entsteht diese „Verzweigungsstruktur" in etwas modifizierter Form (Abb. 18). Das liegt daran, daß die Lösungsfigur für die einzelne Glimmerschicht bei der Alkalihydroxid-Ätzung von der für die HF-Ätzung abweicht.

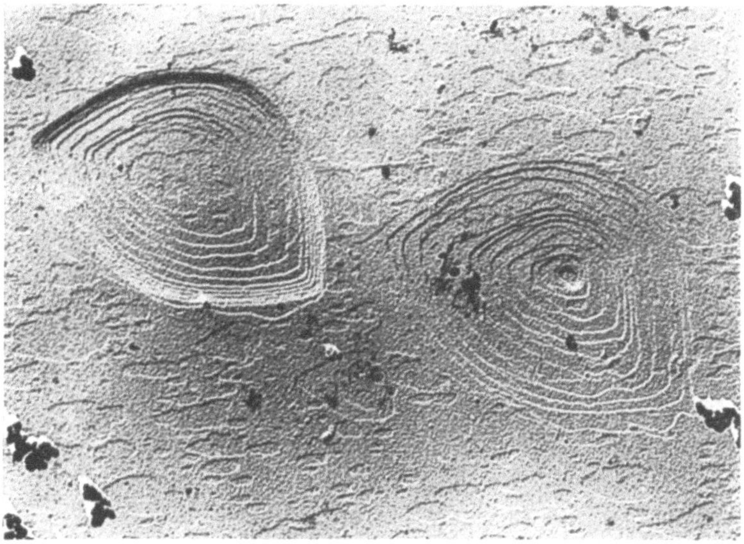

Abb. 19. Ätzrelief in Muskovit (32 000fach, HF-Ätzung und Pt-C-Schrägbeschattung)

In über 70 elektronenmikroskopischen Aufnahmen von dekorierten Ätzgruben der verschiedenen Muskovite wurde ohne Ausnahme immer die gleiche Feinstruktur festgestellt. Sie ließ stets die von der lichtmikroskopischen Beobachtung her gewohnte Ätzfigur erkennen, so daß auch umgekehrt von der für Muskovite typischen Ätzfigur auf die $2M_1$-Struktur geschlossen werden darf, ohne daß jedesmal die zum Beweise erforderliche Feinstruktur durch Dekoration sichtbar gemacht werden muß.

Der Nachweis dafür, daß es sich bei den in der Feinstruktur dekorierten Verzweigungen um Stufenhöhen von 10 Å und bei den von zwei „Ovalen" gemeinsam gebildeten Terrassenstufen um Stufenhöhen von 20 Å handelt, wurde mit Platin-Kohle-Schrägbeschattung geführt. Durch die Schrägbedampfung der geätzten Oberfläche wird die Feinstruktur wie bei einer Schattenwirkung als plastisch herausgeätztes Relief sichtbar (Abb. 19).

Da die Kohlefolie nicht völlig strukturlos ist, kommt eine Abbildung in den Bereichen, in denen der Dampfstrahl die Richtung der Terrassenstufen hatte, nicht zustande. Wie aus der Abbildung hervorgeht, können dadurch nicht alle Verzweigungen mit einem Aufdampfvorgang abgebildet werden. Daß die Auflösung der mit einem viel geringeren Aufwand als die Dekoration durchgeführten Schrägbedampfung nur ausgeschöpft werden kann, wenn der Dampfstrahl sehr flach und praktisch senkrecht zur abzubildenden Stufe einfällt, ist ein Nachteil dieser Methode. Er wirkt sich besonders bei der Abbildung von zerklüfteten Reliefs aus. Demgegenüber bietet die Dekorationsmethode nach *Bassett* (l. c.) den Vorteil, daß ihre Auflösung in erster Linie durch das Auflösungsvermögen des benutzten Elektronenmikroskops und durch einen zur Abbildung der Dekorationskriställchen notwendigen Kontrast begrenzt ist.

Ursprünglich war als Dekorationsmetall Zinn gewählt worden, um die fortlaufende Dehydrierung des Glimmers während der Dekoration und damit einen durchaus zu erwartenden Einfluß auf den Dekorationseffekt möglichst zu umgehen. Dieser Einfluß schien, nach der realisierten Golddekoration zu urteilen, nicht vorzuliegen. Um zu zeigen, daß das Ätzrelief, so wie es nachträglich die Dekoration anzeigt, durch die fortlaufende Dehydrierung nicht weiter verändert worden ist und daß auch bei vollständiger Dehydrierung der Dekorationseffekt eintritt, wurde geätzter und vollständig dehydrierter Muskovit dekoriert. Zur Kontrolle der vollständigen Dehydrierung

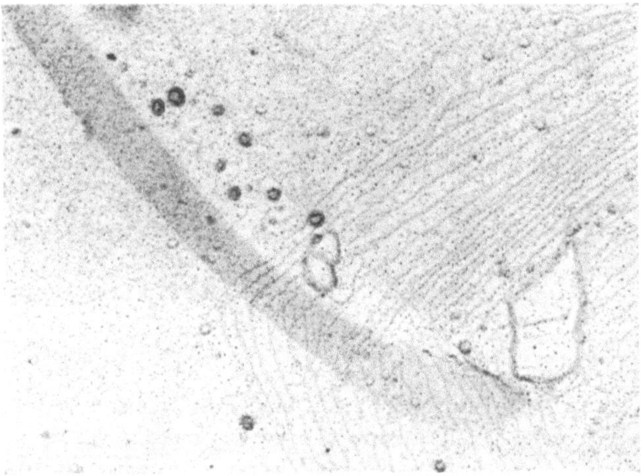

Abb. 20. Dekorierte Feinstruktur eines vollständig dehydrierten Ätzreliefs in Muskovit (50 000fach, KOH-Ätzung)

der Oberfläche diente ein Effekt, über dessen Zusammenhang mit der Dehydrierung bereits berichtet wurde (*Brauer* 1965, 1966 a). Die Oberfläche ist dann von eindimensionalen Aufknickungen durchzogen. In Abb. 20 durchläuft eine solche Aufknickung gerade die Verzweigungen in der Feinstruktur einer Ätzgrube. Auch bei den Abbildungen 21 a und 21 b zeigen die Aufknickungen die vollständige Dehydrierung der gesamten Oberfläche des Muskovits an. Damit ist der Nachweis für den vernächlässigbaren Einfluß der Dehydrierung auf die Golddekoration von Glimmer erbracht.

Mit diesem Nachweis wird gleichzeitig eine Möglichkeit aufgezeigt, das Dehydrierungsproblem mit einer Schichtdickenauflösung zu behandeln, wie sie bisher noch nicht gegeben war. Aus vorangegangenen Untersuchungen zu diesem Problem (*Brauer* l. c.) ging hervor, daß die aufknickenden Schichten in ein und derselben Ebene abgleiten. Setzt man diesen Fakt auch für die Abgleitung der zur Aufknickung gelangenden Schichten in geätztem Glimmer voraus, dann muß nach Abb. 21 innerhalb ein und derselben Aufknickung offenbar ein quantitativer Zusammenhang zwischen der Breite der Aufknickung, der Dicke der an der Aufknickung beteiligten Schicht und dem mittleren Dehydrierungsgrad dieser Schicht bestehen. Der in Abb 21 a außerhalb der Ätzgrube liegende Teil der Aufknickung ist weniger steil aufgerichtet

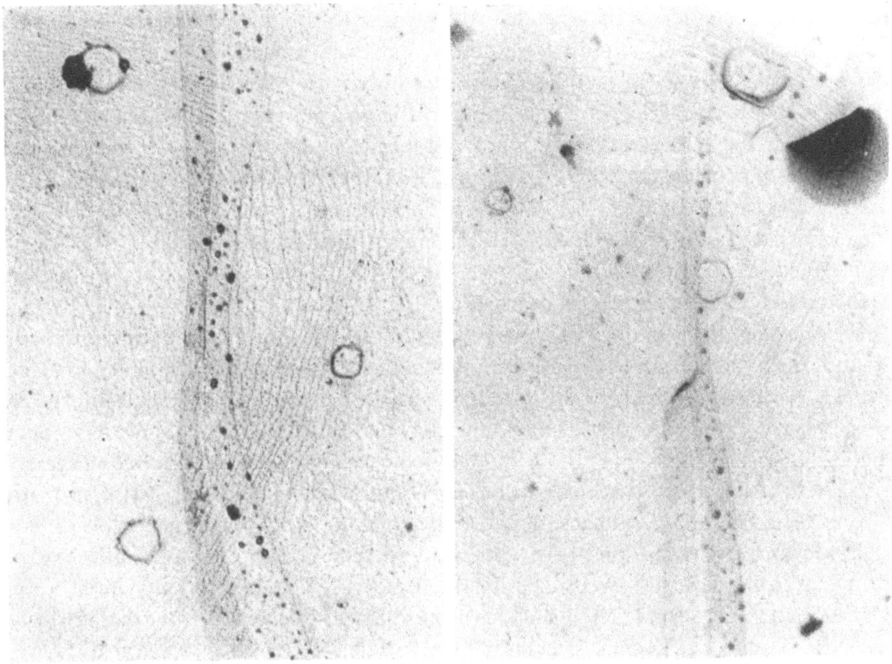

Abb. 21. a *Abb. 21. b*

Abb. 21. Dekorierte Feinstruktur eines vollständig dehydrierten Ätzreliefs in Muskovit. a) 34 000fach, b) 27 000fach (KOH-Ätzung)

als der im Grund der Ätzgrube liegende. Dieser weist eine Bruchkante auf. Sie wird durch die Dekoration markiert. Wegen der mit der Dehydrierung verbundenen Gitteraufweitung läßt sich die geringere Breite der Aufknickung im Grund der Ätzgrube nur erklären, wenn man für die bis zur Gleitebene reichende Schicht einen größeren mittleren Dehydrierungsgrad annimmt als für die von der Spaltebene bis zur Gleitebene reichende Schicht. Das bedeutet, daß schon der durch die Tiefe der Ätzgrube gegebene Schichtdickenunterschied von nur 280 Å eine merkliche Veränderung des mittleren Dehydrierungsgrades zur Folge hat. Daraus folgt, daß innerhalb einer zur Aufknickung abgleitenden Schicht der Dehydrierungsgrad mit der Tiefe abnimmt. Diese Aussage wird gestützt durch die Beobachtung, daß sich durch nachträgliche Ätzung herausgelöste Aufknickungen einrollen. Eine direkte Meßmöglichkeit durch Auszählen der Terrassenstufen von 20 Å Höhe zur Bestimmung der Dicke der an einer Aufknickung beteiligten Schicht besteht bei ausreichend tiefen Ätzgruben. Auch die in Abb. 21 b von unten nach oben einlaufende Aufknickung ist im Grund der Ätzgrube schmaler und von der Unstetigkeitsstelle an scharfkantig geknickt.

Bei der röntgenographischen Präzisierung der Struktur von 3T-Muskovit haben *Güven* und *Burnham* (1965/66) die Frage, ob sich die $2M_I$- und die 3T-Muskovite aus ein und denselben Einzelschichten aufbauen, d. h., ob Polytypie im strengen Sinne vorliegt, verneinen müssen. Die aus energetischen Gründen auftretenden Abweichungen bei einander entsprechenden Gitterparametern in den Einzelschichten der beiden Strukturen sind allerdings so gering, daß man sagen könnte, die Verletzung der strengen Polytypie ist erst eine Folge der Polytypie. Man beschreibt deshalb mit dem Vorbehalt geringfügiger Abweichungen die polymorphen Strukturen der Glimmer einfach durch entsprechende Stapelung von ein und denselben Einzelschichten (*Hendricks* und *Jefferson* 1939; *Smith* und *Yoder* 1956; *Radoslovich* 1959; *Svyagin* 1961; *Franzini* und *Schiaffino* 1964; *Ross, Takeda* und *Wones* 1966). Daß nicht alle möglichen Stapelfolgen in der Natur vorkommen, liegt an der Struktur der Einzelschichten. Eine allgemeingültige Theorie für das Auftreten bestimmter polymorpher Strukturen der Glimmer gibt es noch nicht.

Für die Einzelschichten ist die Ätzgeschwindigkeit in der Schichtebene, wie nachträglich auch an den anderen Glimmermineralen bestätigt werden konnte, groß gegen die Ätzgeschwindigkeit niedrig indizierter Flächen des kompakten Kristalls. Sie wird bereits dann, wie die Feinstruktur der Ätzgruben der $2M_I$-Muskovite zeigt, merklich herabgesetzt, wenn zwei Schichten dem Ätzangriff als eine Einheit ausgesetzt sind, d. h. als Fläche verschieden von (001) mit kleinstmöglicher Breite in Form zweier benachbarter Terrassenstufen. Da bei den flachen Ätzgruben jede neu entstehende Terrassenstufe die vorher entstandene einholt, kann sie nicht alle Stadien bis zur Ausbildung einer zweidimensionalen Endfigur der Lösung durchlaufen. Feine Unterschiede auf Grund der nicht identischen Einzelschichten bei den beiden polymorphen Strukturen können sich nicht herausbilden. Es wurden deshalb die Übergangsformen der Lösungsfiguren der Einzelschichten und der „schmalen" Flächen mit zwei oder nur wenigen dem Ätzangriff als Einheit ausgesetzten Stufen mit ihren charakteristischen Merkmalen zur Unterscheidung der beiden Strukturen benutzt. Ob in einem vorgebbaren Bereich eines Kristalls eine Ätzgrube mit ihrer Feinstruktur immer so abgebildet werden kann, daß Schlüsse auf die Schichtstruktur des Gitters möglich sind, hängt von der Kristallqualität, von der Rauhigkeit der Oberfläche, von der Art der Gitterdefekte, ihrer Dichte und ihrer Verteilung und vom Stand der Präparationstechnik ab.

Die Kristallqualität des zur Verfügung stehenden röntgenographisch als 3T-Muskovit ausgewiesenen Glimmers (Tab. 1, Nr. *24*) war leider nicht ausreichend, um flache Ätzgruben mit überzeugender Feinstruktur zu liefern. Er bestand aus $2 \cdots 4\ mm^2$ großen Blättchen, die durchweg eine federförmige Streifung aufwiesen und stark verformt waren. Abb. 22 a zeigt eine Aufnahme der dekorierten Oberfläche aus einem „Normalbereich" eines Präparates. Die frische, geätzte Spaltfläche ist stark zerklüftet. Am ehesten lassen sich die Unterschiede zur $2M_I$-Struktur in den sehr flachen Ätzgruben erkennen (Abb. 22 b). Es ist offensichtlich, daß bei der HF-Ätzung die

„Ovale“ in der bei den $2M_1$-Muskoviten gewohnten Form nicht auftreten. Die Ansicht von *Yoder* und *Eugster* (1955), daß andere Faktoren und nicht Druck und Temperatur das Wachstum der 3T-Struktur kontrollieren, wird dadurch gestützt. Die abgeänderte Form der noch nicht benachbarten Terrassenstufen kann ihre Ursache aber nur in der Struktur der Einzelschicht und da nur in der vom $2M_1$-Muskovit

Abb. 22. a

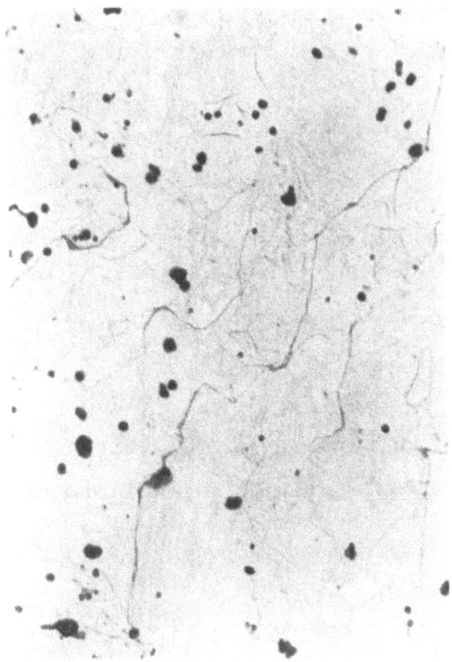

Abb. 22. b

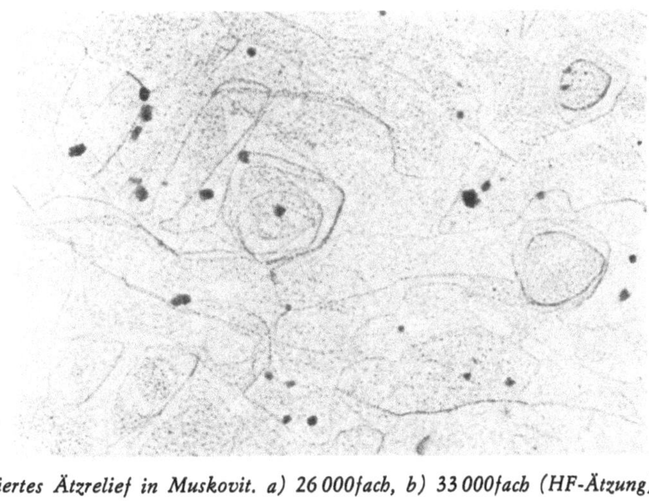

Abb. 22. Dekoriertes Ätzrelief in Muskovit. a) 26 000fach, b) 33 000fach (HF-Ätzung)

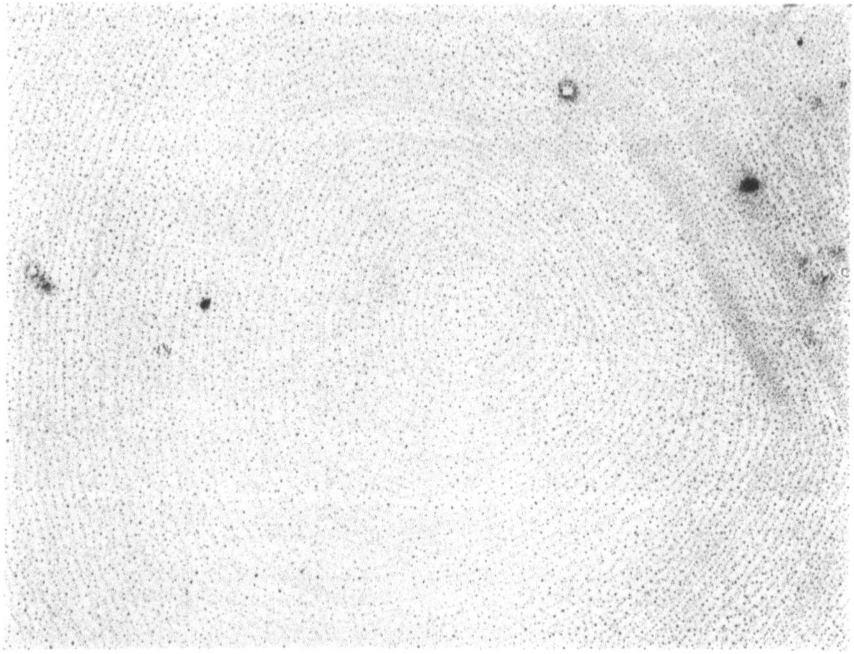

Abb. 23. Tiefe isolierte Ätzgrube in Muskovit (60 000fach, KOH-Ätzung)

Abb. 24. Flache Ätzgruben mit unregelmäßigem Terrassenstufenverlauf in Muskovit (60 000fach, KOH-Ätzung)

abweichenden chemischen Zusammensetzung des Kationengitters haben. Die großen unter dem Lichtmikroskop bereits sichtbaren Ätzgruben sind oftmals Ätzhöhlen. Trotzdem ist ihre dreizählige Symmetrie gut zu erkennen. Tiefe kegelförmige Ätzgruben mit gleichmäßiger Feinstruktur kamen nur in Bereichen mit guter Kristallqualität vor. Nach KOH-Ätzung haben die Terrassenstufen gerundete Formen. Bei der in Abb. 23 dargestellten Feinstruktur einer tiefen Ätzgrube erkennt man rechts oben im Bild, wie mehrere benachbarte Stufen eine Vizinalfläche mit eigener Ätzgeschwindigkeit bilden. Auch bei der KOH-Ätzung entstanden in diesem Muskovit keine „Ovale", wie sie in den $2M_1$-Muskoviten als Abbild eines Lochkeimes von Einzelschichttiefe auftreten. Selbst bei den Terrassenstufen mit sehr kleinem Durchmesser ist der Verlauf der Stufen bereits unregelmäßig (Abb. 24). Bei denselben

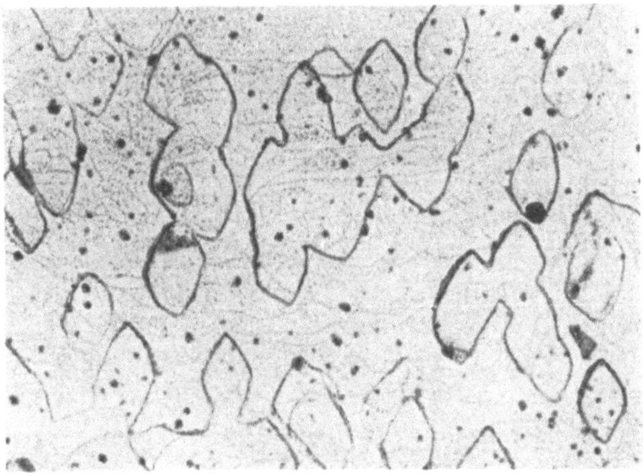

Abb. 25. „Zweizählige" Ätzfiguren in 3T-Muskovit (42 000fach, HF-Ätzung)

Ätzparametern ist die Lochkeimdichte in diesem Muskovit merklich größer als in den „gewöhnlichen" Muskoviten. Darüber hinaus ließen die von diesem 3T-Muskovit hergestellten Präparate ein bereichsweise anomales Ätzrelief erkennen. Zum Teil waren die Ätzfiguren zweizählig und den Endformen der Poren in $2M_1$-Muskovit sehr ähnlich (Abb. 25). Trotzdem konnte aus den Feinstrukturen keine 2M-Struktur herausgelesen werden. Die schon für diesen Muskovit erwähnte federförmige Streifung hatte außer den in allen Präparaten auftretenden durchgehend verlaufenden Terrassenstufen auch anomale Feinstrukturen von Ätzgruben zur Folge. Der überwiegende Teil dieser Ätzgruben hat eine große Längsausdehnung und spitze Enden, in denen auch die einzelnen Terrassenstufen zusammenlaufen (Abb. 26 a). Im Gegensatz zu den Ätzgruben mit spitzem Grund, bei denen die Spitze während der Ätzung längs einer Leitlinie fortschreitet, ist hier der Grund der Ätzgruben eine Linie, die in einer Leitfläche liegt und deren Länge durch die Breite der freigeätzten Leitfläche begrenzt ist. Diese Linie ist dem Kiel eines vorn und hinten spitzen Bootes vergleichbar, wenn man die Terrassenstufen als die von vorn nach hinten durchlaufenden Planken des Bootes ansieht. Im allgemeinen sind solche zweieckigen Ätzgruben in Bereichen von einigen 10 µm Durchmesser parallel orientiert. Diskontinuierliche Störungen dieser Parallelorientierung durch einzelne zweieckige Ätzgruben oder Ätzgrubenscharen wurden nicht beobachtet. Wenn Abweichungen von der Orientierung auftraten, dann waren sie durch einen allmählichen Übergang in die neue Richtung

Abb. 26. a

Abb. 26. b

Abb. 26. Anomale Feinstrukturen von Ätzgruben in Muskovit. a) isolierte Ätzgrube (60 000fach), b) dichtes Ätzgrubenfeld (43 000fach), a und b HF-Ätzung

gekennzeichnet. Die selbst in einem dichten Ätzgrubenfeld kontinuierlich ineinander übergehenden Feinstrukturen der einzelnen Ätzgruben (Abb. 26 b), das Fehlen von „Korngrenzen“ zwischen Bereichen mit voneinander abweichenden Orientierungen

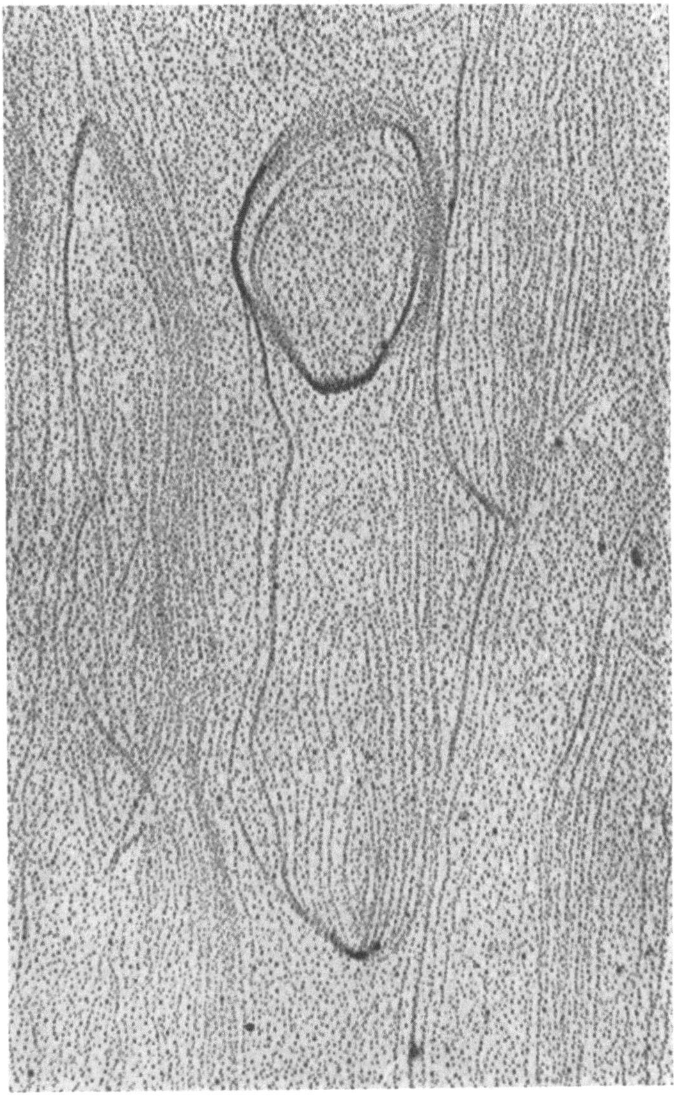

Abb. 27. Dekorierte Feinstruktur eines Ätzgrabens in Muskovit (94 000fach, HF-Ätzung)

zweieckiger Ätzgruben und das Auftreten von Ätzgräben, welche zwar oft einen krummlinigen, aber stets glatten Verlauf aufwiesen und welche aus aneinandergereihten zweieckigen Ätzgruben entstanden waren, deuten darauf hin, daß mit dieser Art von Ätzgruben eine plastische Verformung des Glimmers angezeigt wird.

Es gibt wie bei den Ätzgruben auch bei den Ätzgräben solche mit flachem Grund. Die Leitfläche ist dann durch die Ätzung freigelegt worden. Gelegentlich liegen am Ende solcher Ätzgräben Ätzhöhlen, welche tiefer in den Kristall hineinreichen und das Ende des Kanals abrunden (Abb. 27).

Nach den Resultaten der Ätzmethode an anderen Glimmern zu urteilen, wird sich bei den Muskoviten die Endform der Lösungsfigur für die Einzelschichten nur an einem 1M-Muskovit darstellen lassen. Alle zur Verfügung stehenden Muskovite hatten bis auf den von Sultan Basin mit der 3T-Struktur die sich bei Muskovit gewöhnlich einstellende $2M_1$-Struktur (vgl. Tab. 1). Ein röntgenographisch voruntersuchter Muskoviteinkristall mit 1M-Struktur konnte nicht beschafft werden. Nach *Ross* (1966, priv. Mitt.) ist auch die Existenz eines solchen nicht bekannt. Als feindisperser Glimmer ist 1M-Muskovit jedoch schon synthetisch dargestellt worden (*Yoder* und *Eugster* 1955). Auch in der Natur kommt 1M-Muskovit feindispers vor. *Yoder* und *Eugster* (l. c.) hatten, angeregt durch ihre erfolgreiche Synthese von 1M-Muskovit, die Röntgenpulverdiagrammdaten von 36 in der Literatur beschriebenen, unter ähnlichen Bedingungen in der Natur entstandenen muskovitähnlichen Mineralen diskutiert mit dem Ziel, 1M-Strukturen von natürlichem Muskovit aufzufinden. Von diesen 36 Mineralen hatten jedoch nur drei, ein Sericit, ein Illit und ein Seladonit eine reine 1M-Struktur. Unter den genannten Beispielen waren auch zwei Mariposite mit teilweiser 1M-Struktur. Da für die Untersuchungen in dieser Arbeit zwei Fuchsite, welche den Mariposyten als chromhaltige Muskovite ähnlich sind, zur Verfügung standen (Tab. 2, Nr. 2 und 3), wurde versucht, die Endfigur der Lösung für die Einzelschicht der Muskovite an den Fuchsiten darzustellen.

Fuchsit

Der Fuchsit aus Brunswick hatte eine $2M_1$-Struktur. Seine Ätzfiguren unterschieden sich in keiner Weise von denen der „gewöhnlichen" Muskovite. Dagegen zeigte der Fuchsit aus Pfitsch in Tirol eine Feinstruktur nach der HF-Ätzung, bei der die Aus-

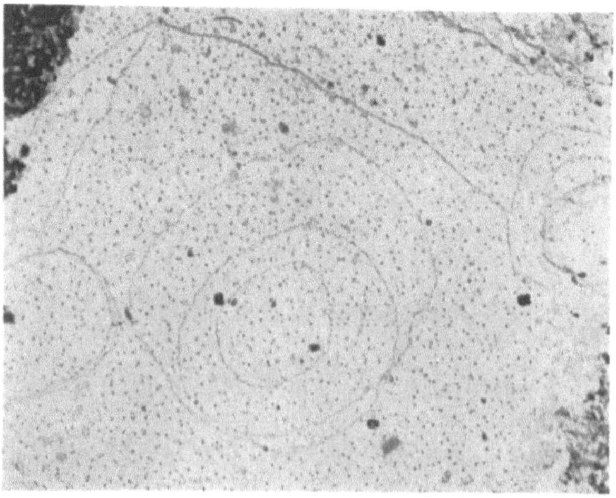

Abb. 28. Dekoriertes Ätzrelief von Fuchsit (40 000fach, KOH-Ätzung)

Tabelle 2. *Licht- und elektronenmikroskopisch untersuchte Glimmer der Muskovitreihe*

Nr.	Mineral	Fundort	Sammlung	Bemerkungen	Schichtstruktur
1	Paragonit	Pregatten/Pustertal/Österr.	3/24 870	—	$2M_1$
2	Fuchsit	Brunswick/Maine/USA	1/	—	$2M_1$
3	Fuchsit	Pfitsch/Tirol/Österr.	3/46 587	—	3T (+1Md)
4	Margarit	Chester/Mass./USA	1/	Schaukastenstück	$2M_1$ (d)
5	Margarit	Chester/Mass./USA	3/26 223	—	$2M_1$
6	Margarit	Pfitsch/Tirol/Österr.	1/	feinschuppig, z. T. 2schichtig (d)	3T
7	Margarit	Chester/Mass./USA	—	—	$2M_1$
8	Margarit	Chester/Mass./USA	—	vgl. *Koch* (1935)	$2M_1$
9	Margarit	Chester/Mass./USA	2/12 946	—	$2M_1$
10	Phengit	Pechtelsgrün/Vogtld.	3/53 620	Ätzverhalten wie Muskovit	$2M_1$

bildung der Lösungsfiguren nicht durch Wechselwirkung untereinander in dem Maße eingeschränkt schien wie bei den $2M_1$-Strukturen. Nach der Ätzung in geschmolzenem Kaliumhydroxid war allerdings die Lösungsfigur der Einzelschicht so weit von der Endform entfernt, daß sie keine Symmetrielinie erkennen ließ (Abb. 28). Man kann

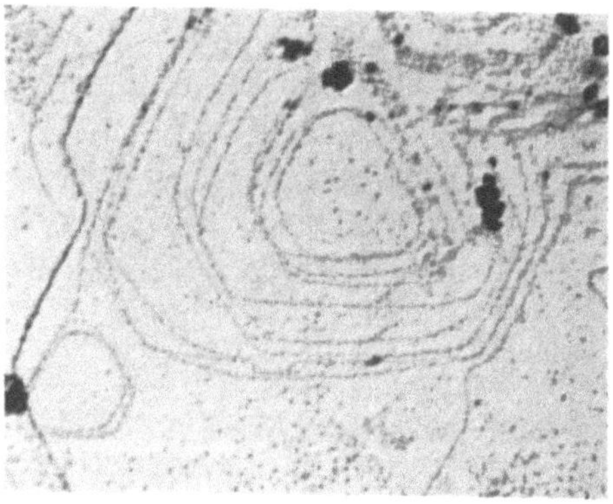

Abb. 29. a

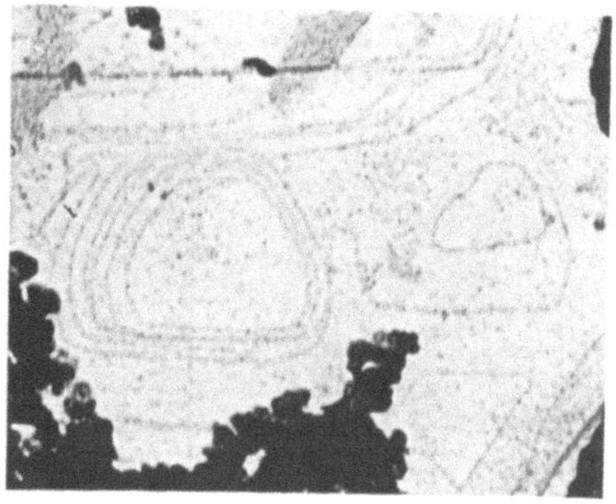

Abb. 29. b

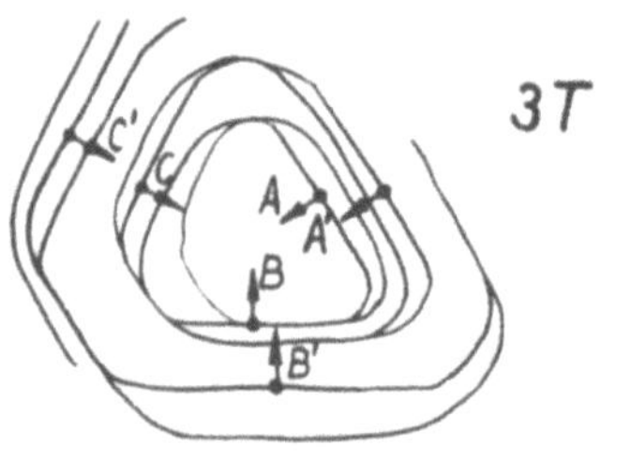

Abb. 29. c

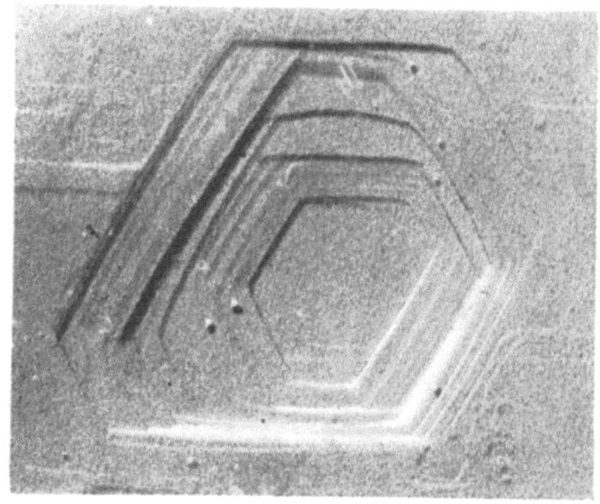

Abb. 29. d

Abb. 29. Dekorierte Feinstruktur und Pt-C-Schrägabdruck von Ätzgruben in Fuchsit. a) Bereich mit 3T-Struktur (42000fach, HF-Ätzung), b) Bereich mit gestörter 3T-Struktur (42000fach, HF-Ätzung), c) Feinstrukturschema zu a), d) Übergangsform zur lichtmikroskopisch darstellbaren Ätzgrube in 3T-Struktur (16500fach, HF-Ätzung)

zwar ein Ätzrelief erzeugen und dekorieren, aber die Schichtstruktur nicht mit Sicherheit daraus ablesen. Anders dagegen ist die Lösungsfigur bei der Ätzung im Flußsäuredampf. Sie hat die Form eines der Spitze beraubten gleichschenkligen Dreiecks mit abgerundeten Ecken. Ihre Symmetrielinie und damit die polymorphe Struktur des gerade angeätzten Bereiches sind gut zu erkennen (Abb. 29). Dieser Fuchsit hat, der Feinstruktur seiner Ätzgruben nach zu urteilen, überwiegend eine 3T-Struktur.

In dieser wechseln Bereiche miteinander ab, in denen die Verschwenkungen aufeinanderfolgender Einzelschichten um 120° im Uhrzeigersinn und entgegengesetzt dazu erfolgen. Es gibt auch Ätzgruben, bei denen zwei Einzelschichten um 120° gegeneinander verschwenkt sind, die dritte dann aber die Orientierung der zweiten hat usw. Merkwürdigerweise sind die Grenzen zwischen den Bereichen mit entgegengesetztem Drehsinn der Orientierungsfolge der Einzelschichten nicht im Ätzrelief ausgezeichnet. Mit Hilfe der Kenntnis der Feinstruktur aus Abb. 29 a läßt sich der

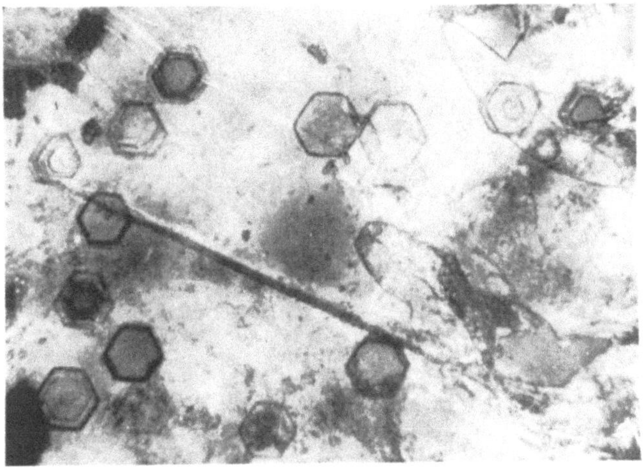

Abb. 30. Ätzporen und gestufte Ätzgruben in Fuchsit (270fach, HF-Ätzung)

Pt-C-Schrägabdruck in Abb. 29 d besser beurteilen. Er zeigt im groben die Stufen in Form abgestumpfter Dreiecke mit geraden Kanten. Man erkennt, daß es sich nicht um eine 1M-Struktur handeln kann. Bei Vorliegen einer 2M-Struktur würde man eine spiegelsymmetrische Ätzfigur erwarten. Nach hinreichender Ätzzeit sieht man im Lichtmikroskop aber meist sechseckige Ätzfiguren mit dreizähliger Symmetrie, bei denen im Innern oft noch eine sechseckig ausgebildete Stufung erkennbar ist (Abb. 30). Dadurch unterscheiden sich diese Ätzfiguren von den Durchdringungsformen bei den Biotiten. Stufungen oder die in dem darunter liegenden Kristallmaterial entstehenden Ätzfiguren sind bei den Biotiten stets dreieckig ausgebildet.

Paragonit

Für die Untersuchungen in dieser Arbeit stand nur ein Paragonit (Tab. 2, Nr. *1*) zur Verfügung. Dekorationsversuche an geätztem Biotit und Phlogopit hatten bereits erkennen lassen, daß dem „Oval" mit seiner zweizähligen Symmetrie als charakteristische Übergangsform der Lösungsfigur der Einzelschicht des Muskovits eine Lösungsfigur der Einzelschicht mit annähernd dreizähliger Symmetrie bei den trioktaedrischen Glimmern Biotit und Phlogopit gegenübersteht. Da sich die idealisierten Strukturen von Paragonit und Muskovit „nur" durch die unterschiedlichen Zwischenschicht-Ionen unterscheiden, waren am Paragonit ähnliche Ätzfiguren und Feinstrukturen wie am Muskovit erwartet worden. Wie aus Abb. 31 zu ersehen ist, treten die für einen $2M_1$-Muskovit charakteristischen Merkmale der Feinstruktur in den Ätzgruben beim Paragonit ebenfalls auf. Der untersuchte Paragonit hat demzufolge auch eine $2M_1$-Struktur. Fuchsit unterscheidet sich von Muskovit und Paragonit dadurch, daß ein Teil der Oktaedermitten durch Chrom besetzt ist, während als Zwischen-

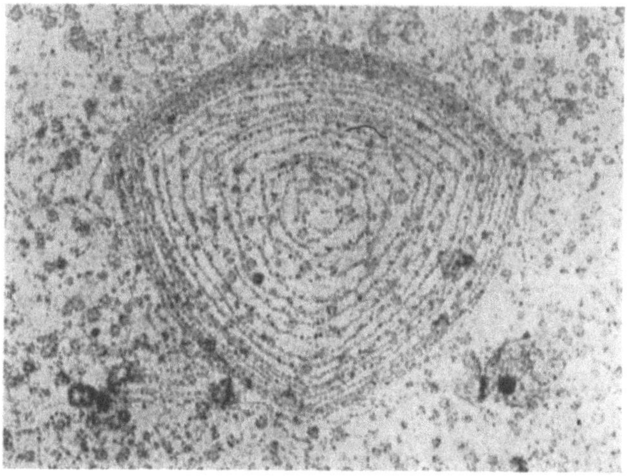

Abb. 31. Dekorierte Feinstruktur einer Ätzgrube in Paragonit (41 500fach, KOH-Ätzung)

schicht-Ion sowohl K^+ als auch Na^+ vorkommen. Das einheitliche Ätzverhalten von den beiden zuletzt genannten Glimmern und dem Fuchsit aus Brunswick im Gegensatz zum Ätzverhalten des Fuchsits aus Pfitsch mit seiner veränderten Lösungsfigur der Einzelschicht berechtigen zu dem folgenden Schluß, welcher durch das weiter unten beschriebene Ätzverhalten der Mg-Biotite, des Lepidolith und des Zinnwaldit in besonders eindrucksvoller Weise gestützt wird:

Die sich wechselseitig bedingenden Kationengitter in den Tetraederschichten und in der Oktaederschicht legen in Abhängigkeit vom Ätzmittel und von den Ätzparametern die Form der Lösungsfigur der Einzelschichten fest. Die die Oktaederschicht erzeugende Relativlage der beiden Tetraederschichten bedingt eine Symmetrieerniedrigung der Lösungsfigur der an der Oberfläche des Kristalls dem Ätzangriff ausgesetzten Einzelschicht.

Margarit

Als dioktaedrischer Glimmer gehört Margarit in die Muskovitreihe. Er unterscheidet sich jedoch von den Alkaliglimmern durch die gleichen Anteile von Al- und Si-Ionen in den Tetraedernetzwerken und durch die damit wechselseitig bedingten zweiwertigen Zwischenschicht-Ionen. Bei der Klassifikation der Phyllosilikate vertritt er deshalb eine gesonderte Glimmergruppe. Schon bevor man die Struktur der Glimmer kannte, nahmen die Kalziumglimmer als „Sprödglimmer“ eine Sonderstellung ein. Der durch das zweiwertige Ca-Zwischenschicht-Ion abgesättigte Ladungsüberschuß in den Tetraedernetzwerken bedingt aber nicht nur besondere physikalische Eigenschaften, sondern auch ein besonderes Ätzverhalten. Bei der Ätzung mit Flußsäure, Flußsäuredampf und flüssigem Alkalihydroxid entstehen die Ätzgruben praktisch sofort als Endkörper der Lösung mit geradlinig begrenzten Terrassenstufen

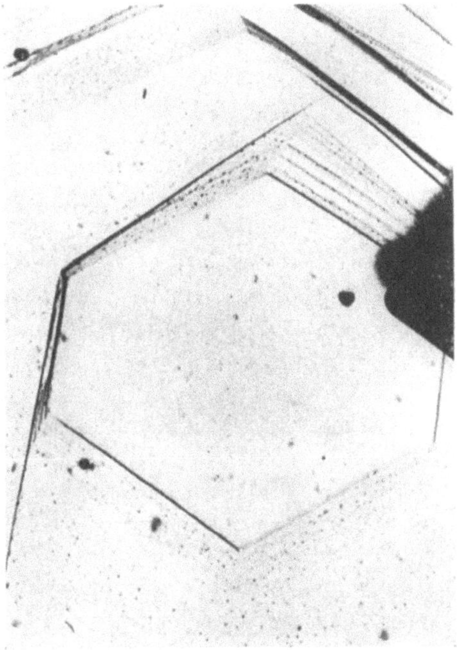

Abb. 32. Tiefe isolierte Ätzgrube in Margarit (Ausschnitt) (16 000fach, KOH-Ätzung)

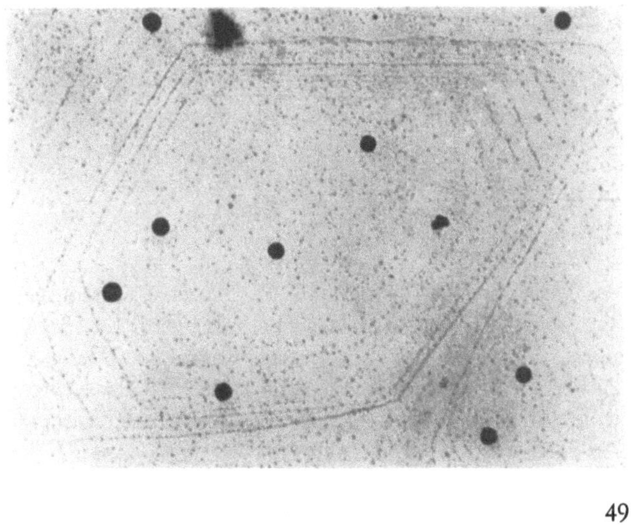

Abb. 33. Flache Ätzgrube in Margarit. Unvollständige Dekoration durch Passivschicht (20 000fach, KOH-Ätzung)

(Abb. 32). Durch nach der Ätzung sich bildende schwerlösliche Passivschichten wird der Dekorationseffekt herabgesetzt (Abb. 33). Die Untersuchungen des Ätzverhaltens dieser Glimmer waren durch diese beiden Umstände sehr erschwert. Trotzdem gelingt es auch beim Margarit, aus der Feinstruktur des Ätzreliefs die Schichtzähligkeit zu bestimmen. Im Vergleich zur Spaltbarkeit der sogenannten Alkaliglimmer ist die

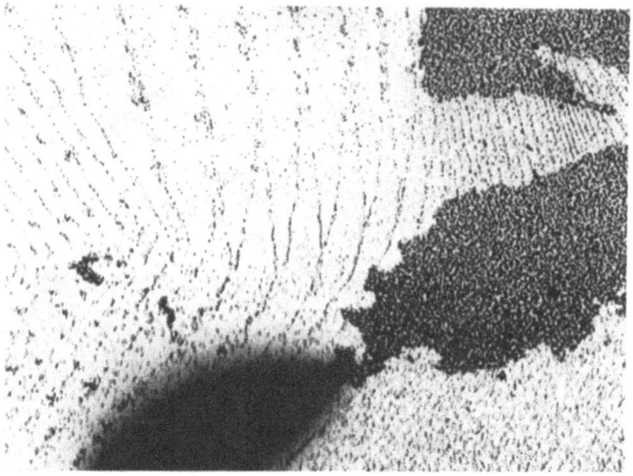

Abb. 34. Dekorierte Verzweigungen in der Feinstruktur einer Ätzgrube in Margarit (68 000fach, HF-Ätzung)

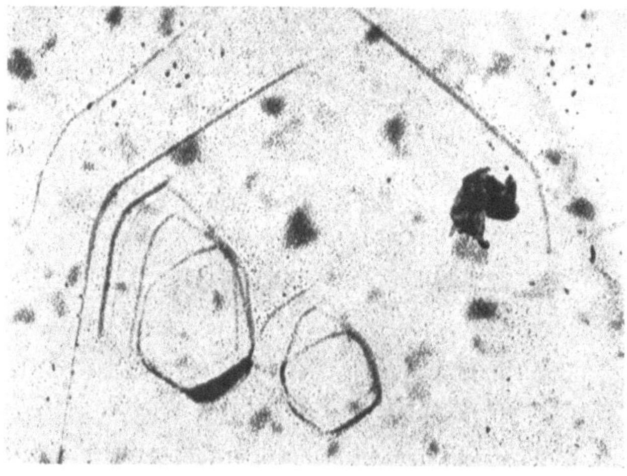

Abb. 35. Mehrschichtige Terrassenstufen von Ätzgruben in Margarit in Zwillingsstellung (23 000fach, HF-Ätzung)

des Sprödglimmers Margarit im allgemeinen so schlecht, daß man oft einen, wenn auch sehr flachen, muscheligen Bruch feststellt. Dieser wird durch Scharen von äquidistanten Terrassenstufen angezeigt, welche meist große Teile des Präparates durchziehen. Sie liegen bereits vor der Ätzung als Spaltstufen vor. Dadurch ist im elektronenmikroskopischen Präparat eine vollständig ausgebildete flache Ätzgrube seltener zu finden als bei den anderen Glimmern. Aus der Art der Stufenverzweigungen im Ätzrelief eines Glimmers kann man aber ganz allgemein auf seine Schichtstruktur schließen. So geht z. B. allein schon aus den alternierenden Verzweigungen mit gleicher Stufenhöhe in Abb. 34 eine 2M-Struktur dieses Margarits hervor. Der gleichzeitige Befund, daß die Ebene der optischen Achsen an diesem Stück senkrecht zur Symmetrieebene der lichtmikroskopisch sichtbaren Ätzgruben liegt, weist diesen Glimmer als $2M_1$-Margarit aus.

Im Margarit sind die Lösungsfiguren denen des Zinnwaldits ähnlich. Sie haben keine Symmetrielinie. Von Schicht zu Schicht wechselt ihre Form in die spiegelbildliche über, wie es das mit Hilfe der Feinstruktur von Ätzgruben am Zinnwaldit gefundene Zwillingsgesetz vorschreibt. Daß auch für Margarit dieses Zwillingsgesetz gilt, ist sehr wahrscheinlich (Abb. 35). Die mehrstufigen Terrassen gleicher Orientierung legen diesen Schluß nahe.

Die lichtmikroskopisch sichtbaren Ätzgruben haben die für eine $2M_1$-Struktur dioktaedrischer Glimmer typische Symmetrie. Sie sind spiegelsymmetrisch. Sie haben die gleiche Tracht wie die Muskovitätzgruben, wenn diese ebene Flächen auszubilden beginnen. Wendet man den Begriff der Tracht auf die Anordnung der Terrassenstufen mit ihren Verzweigungen in der Feinstruktur der Ätzgruben an, dann kann man die Vergleiche auch schon an den Übergangsformen anstellen. In diesem Sinne haben die Ätzgruben der untersuchten Glimmer der Muskovitreihe bei $2M_1$-Struktur alle die gleiche Tracht. Der Habitus der Ätzgruben in Margarit ist allerdings gegenüber dem der Ätzgruben in den anderen genannten Glimmern in Richtung der „Symmetrieebene" mehr gestreckt.

Biotit

Unter dem Lichtmikroskop sichtbare, mit Flußsäure oder mit Flußsäuredampf erzeugte Ätzfiguren auf Biotit sind von großer Regelmäßigkeit. Sie werden von glatten, fast geraden Linien begrenzt. Ihre Symmetrie ist im allgemeinen dreizählig. Die gewöhnlich gute Kristallqualität der Biotite läßt auch im Submikroskopischen, d. h. bei der Feinstruktur der Ätzgruben, glatte Terrassenstufen erwarten (Abb. 37). Mit hochauflösender Dekoration stellt man jedoch fest, daß dem nicht notwendig so ist (Abb. 36). Bei dem gezeigten Beispiel handelt es sich um Biotit von Miask, Ural, der in 15 cm^2 großen Tafeln guter Kristallqualität vorlag. Am Rand der Ätzgrube, wo die Stufen einen Abstand in der Größenordnung von 100 Å haben, ist eine gewisse Glättung der Dekorationslinien festzustellen, obwohl sie auch dort noch viele Unregelmäßigkeiten des Verlaufs aufweisen. Auch im Grund der links liegenden Ätzgrube sind die Lösungsfiguren der Einzelschicht sehr unregelmäßig. Das Zustandekommen dieser Unregelmäßigkeiten wird wie folgt erklärt:

Im Biotit ist jede Oktaedermitte von einem zweiwertigen Ion, entweder Mg^{++}, Fe^{++} oder Mn^{++}, besetzt. Im Phlogopit dagegen stehen zur Besetzung der Oktaedermitten praktisch nur Mg-Ionen zur Verfügung. Phlogopite liefern immer fast ideale dreieckige Lösungsfiguren der Einzelschicht. Die unterschiedliche Qualität der Lösungsfiguren bei den einzelnen Biotiten kann demzufolge nur von der unterschiedlichen Homogenität der Besetzung der Oktaedermitten mit den einzelnen Ionenarten herrühren. Daß die Besetzung der Oktaedermitten mit verschiedenen Ionen auch geometrisch verschiedene Strukturen zur Folge hat, folgt z. B. aus dem Vergleich der Strukturen von synthetischem Eisenglimmer der Zusammensetzung $KFe_3(FeSi_3O_{10})(OH)_2$ (*Donnay* und Mitarbeiter 1964 a, b) und eisenreichem Phlogopit

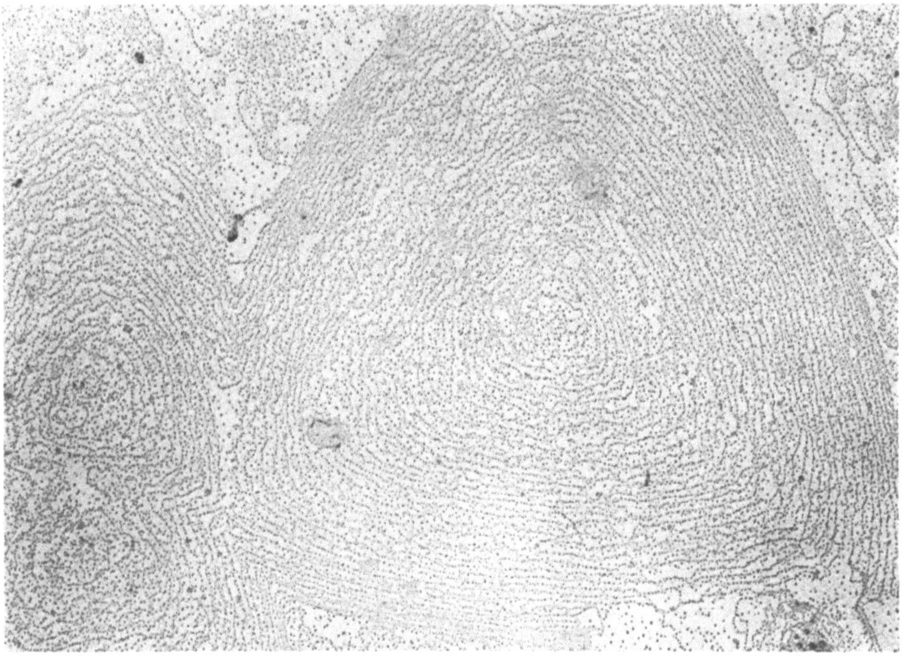

Abb. 36. Dekorierte Feinstruktur von Ätzgruben in Biotit (35 000fach, HF-Ätzung)

der Zusammensetzung $K_{0,9}Mn_{0,1}Mg_3[(Fe,Mn)Si_3O_{10}(OH)_2]$ (*Steinfink* 1962). Durch den Austausch von Mg^{++} durch Fe^{++}, das einen um 0,07 Å größeren Ionenradius als Mg^{++} hat, folgt eine Verflachung der Oktaederschicht um 2,5% bei gleichzeitiger Aufweitung der Tetraederringe durch Zurückdrehen um 4,6°. Die von *Franzini* und *Schiaffino* (1964) durch *Fourier*-Projektion auf die c'-Achse ermittelten Oktaederschichtdicken von sechs verschiedenen natürlichen Biotiten ($Fe^{++} : Mg^{++} \sim 1 : 1$) sind ebenfalls kleiner als die von *Steinfink* (l. c.) festgestellte Oktaederschichtdicke des Phlogopits der oben angeführten Zusammensetzung. Diese geometrischen Änderungen der Struktur haben zweifellos auch eine Änderung des Ätzverhaltens zur Folge. Ein analoger Schluß läßt sich ziehen, wenn man das Mg-Ion durch ein Mn^{++}-Ion ersetzt denkt, da dessen Radius noch um 0,1 Å größer als der des Fe^{++}-Ions ist.

Die mehr oder weniger ideale Form der Feinstruktur des Ätzreliefs ist demnach als ein Maß für die Homogenität der Kationenverteilung im jeweiligen Biotit anzusehen.

Diese Differenzierung ist bei der Ätzung mit Flußsäure besonders auffällig. Sie ist jedoch auch mit anderen Ätzmitteln möglich. In Abb. 38 ist die Dekoration des Biotits von Miask nach Ätzung mit flüssigem Natriumhydroxid dargestellt. Die Lösungsfiguren haben sich gegenüber denjenigen bei der Flußsäureätzung geändert. Die Unregelmäßigkeiten in der Linienführung der Feinstruktur treten aber wieder auf.

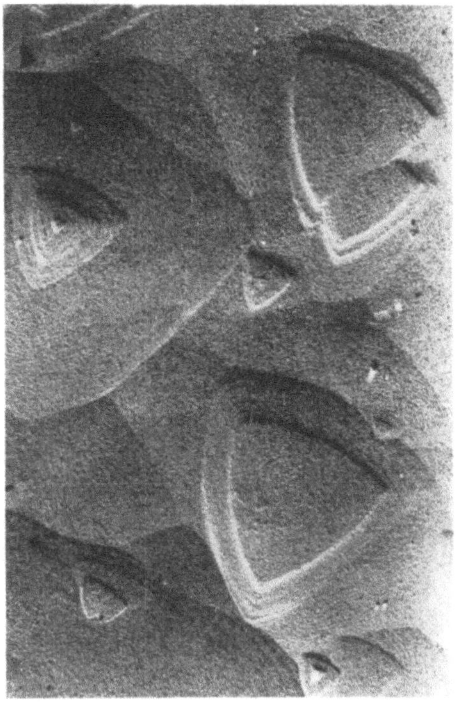

Abb. 37. Ätzrelief in Biotit nach Cu-Schrägbeschattung (13 500fach, HF-Ätzung)

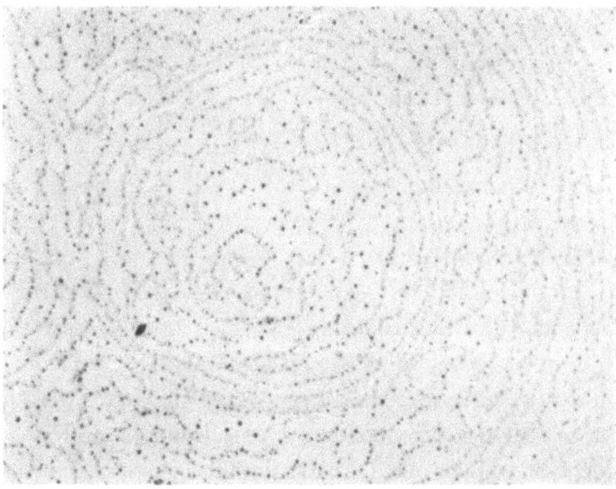

Abb. 38. Unregelmäßigkeiten im Verlauf der Terrassenstufen in Biotit (42 000fach, NaOH-Ätzung)

Wenn eine Leitlinie freigeätzt ist und keine neue in der Grundfläche der Ätzgrube beginnt, ist die Anätzung der nächsten Schicht verzögert. Es müssen erst Lochkeime in der ungestörten Oberfläche gebildet werden, um die Anätzung dieser Schicht einzuleiten. Die dadurch an mehreren Stellen gebildeten Einzelstufen in derselben Schicht zeigt Abb. 39. Im Verlauf der Ätzung bilden die einzelnen Stufen dann eine zusammenhängende von unregelmäßiger Form. Diese glättet sich mit zunehmendem Radius. Wenn jedoch, wie in Abb. 38, die Terrassenstufen bei relativ großer Breite der Stufen Unregelmäßigkeiten im Verlauf aufweisen, ohne daß die Bildung iso-

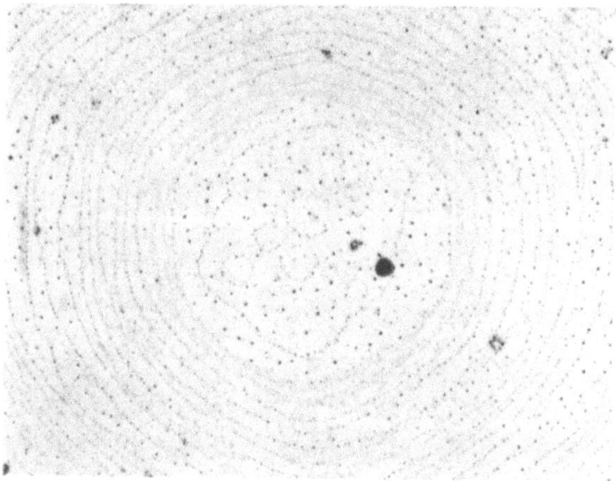

Abb. 39. Leitlinienfreie Grundfläche einer Ätzgrube in Biotit (42 000fach, KOH-Ätzung)

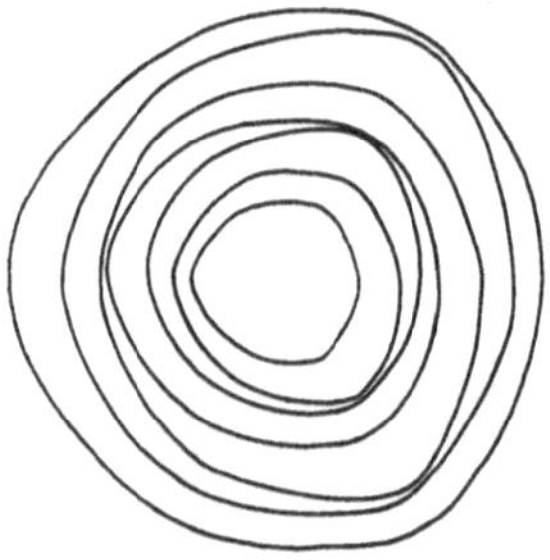

3T ↻

Abb. 40. Schematische Darstellung der Feinstruktur einer Ätzgrube in Biotit (KOH-Ätzung)

lierter Lochkeime diesen Stufenverlauf erzeugt, müssen notwendig Inhomogenitäten des Kationengitters die Ursache für die ungleichmäßige Ätzgeschwindigkeit innerhalb der Einzelschicht sein.

Von den drei hier genannten Ätzungen ist die KOH-Ätzung zur Bestimmung der Schichtstruktur am ehesten geeignet. Die Lösungsfigur ist nur pseudotrigonal und hat die Form eines gleichschenkligen Dreiecks mit nach außen durchgebogenen Seiten und mit verrundeten Ecken. Bei einer Schichtstruktur verschieden von 1M müßten, so wie es die schematische Darstellung in Abb. 40 am Beispiel von 3T-Biotit zeigt, Verzweigungen der Terrassenstufen in der Feinstruktur enthalten sein. Dieses Schema ist der Feinstruktur in dem geätzten Lepidomelan aus Brevig (Tab. 4, Nr. *22*) nachgezeichnet. Bei Zweischichtigkeit treten Verzweigungen in alternierenden Lagen auf. In Abb. 41 ist die Feinstruktur einer Ätzgrube in einem spanischen Biotit (Tab. 4, Nr. *16*) dargestellt. Die sechs inneren Terrassenstufen sind unverzweigt. Sie nehmen

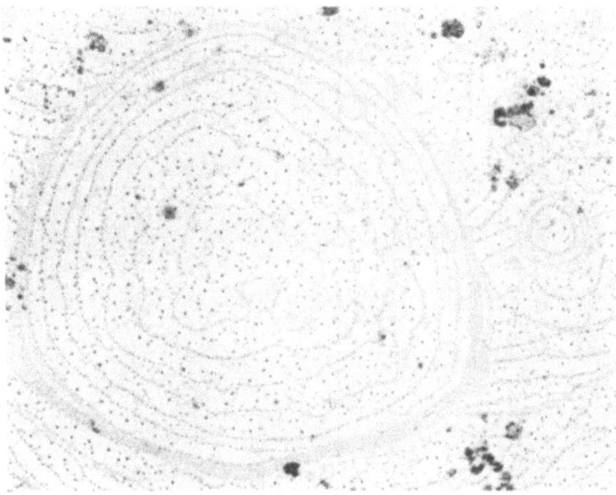

Abb. 41. Dekorierte Feinstruktur einer Ätzgrube in Biotit mit 1M-Struktur (33 000fach, KOH-Ätzung)

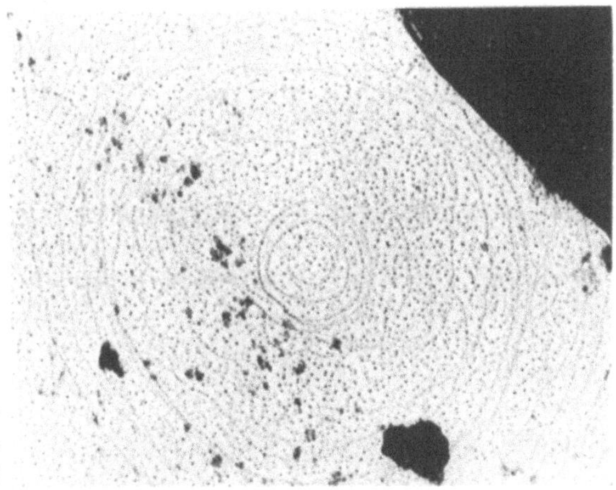

Abb. 42. Dekorierte Feinstruktur einer Ätzgrube in Biotit mit $2M_1$-Struktur (42 500fach, KOH-Ätzung)

mit zunehmendem Radius die Form an, die auf eine 1M-Struktur schließen läßt. In der kleinen rechts liegenden Ätzgrube ist die Lösungsfigur der Einzelschicht besonders gut ausgebildet. An einer anderen Stelle desselben Präparates kann man auf eine $2M_1$-Struktur schließen (Abb. 42). Es treten Verzweigungen auf. Die Lösungsfiguren im Zentrum der Ätzgrube sind alternierend um 120° verschwenkt.

Der von *Mehmel* (1938) im Mikroskopischen an den Rändern von 0,01 · · · 0,005 mm² großen Biotitblättchen beobachtete zonare Abbau, auf den *Rinne* (1911) schon hinwies, ist im Submikroskopischen an den Konkavflächen der Ätzgruben zu beobachten. Er führt zur Feinstruktur der Ätzgruben. Außer einer stets vorhandenen

Tabelle 3. Licht- und elektronenmikroskopisch untersuchte Phlogopite

Nr.	Fundort	Sammlung	Bemerkungen	Schichtstruktur
1	West Chester/Pennsylvania/USA	1/2 091	Ätzrelief: durchgeh. Terrassenstufen o. Ätzgruben/Verwachsgn.	
2	Kiautschau	1/2 093	—	$2M_1$
3	unbek.	—	—	1M
4	Quebec/Kanada	3/24 960	—	Tc
5	Altkemnitz bei Hirschberg	2/20 052	auf Kalkspat im Dolomit/2 Komponenten/ Ätzrelief wie Nr. 1	
6	Loughborough/Kanada	2/19 714	—	Tc
7	Boblake/Ontario/Kanada	2/12 878	in Serpentin	Tc
8	Jefferson/New York/USA	2/12 875	in körnigem Kalk	1M
9	Korea	—	—	$2M_1$
10	synth. *M. Ross* Washington/D. C./USA	—	—	1M
11	natürl. Fundort unbek.	—	—	1M
12	synth. *I. G. Bersina* Moskau/SU	—	Eisentiegel	1M
13	synth. *I. G. Bersina* Moskau/SU	—	Graphittiegel	1M
14	synth. *I. N. Anikin* Alexandrow/SU	—	Eisentiegel	1M

Tabelle 4. Licht- und elektronenmikroskopisch untersuchte Glimmer der Biotitreihe

Nr.	Mineral	Fundort	Sammlung	Bemerkungen	Schichtstruktur
1	Lepidomelan	Quebec/Kanada	3/24 593	Durchdr.form d. Ätzfigur Rechteck	$2M_1$
2	Biotit	unbek.	3/25 005	—	3T
3	Biotit	Boden/Marienberg/Erzgeb.	3/25 020	—	Tc
4	Biotit	Arendal/Norwegen	3/25 064	—	Tc
5	Biotit	Brevig/Norwegen	3/25 086	—	3T + 1M
6	Biotit	Louisenfeld/Ostafrika	3/25 105	—	Tc
7	Meroxen	Gallivara	3/26 227	—	1M
8	Meroxen	Arendal/Norwegen	3/26 228	—	Tc
9	Meroxen	Himmelfahrt/Freiberg/Sa.	3/26 229	—	Tc
10	Anomit	Fluß Sljudjanki/Baikalsee/SU	3/26 235	—	$2M_1$
11	Biotit	Miask/Ural/SU	1/2 060	—	*1*M
12	Anomit	Basaltbruch am Keilberg/Erzgeb.	1/	—	$2M_1$
13	Anomit (d)	Eifel (Auswürfling)	1/	1Md verzwillingt zu Tc	$2M_1$(d)
14	Anomit	Rabenstein/Zwiesel/Bayr. Wald	2/20 102	Verwachsgn. von 1M(Phlogopit) mit	$2M_1$(Biotit)
15	Lepidomelan	Langoisholmen/Alnö/Schweden	2/20 044	in körnigem Kalk am Kontakt mit Basalt	3T
16	Biotit	Fuenteobojuna/Spanien	3/54 386	—	$2M_1$ + 1M(1Md)
17	Meroxen	Monte Somma/Vesuv/Italien	2/12 858	Verwachsgn. von 1M(Phlogopit) mit	$2M_1$(Biotit)
18	Siderophyllit	New Castle County/North Ireland	—	*M. Ross* ($1M_{v-n}$(120°)-Biotit)	$2M_1$d
19	synth. Fluorobiotit	von *M. Ross* Wash./D. C./USA	—	—	1M
20	Anomit	Greenwood-Furnace/New York/USA	1/2 054	—	$2M_1$
21	Anomit	Baikalsee/SU	4/	—	$2M_1$
22	Lepidomelan	Brevig/Norwegen	1/2 001	—	3T + 1M
23	Lepidomelan	Låven/Langesundfjord/Norwegen	2/1 248	in Syenitpegmatit	Tc (1Md)
24	Lepidomelan	Medelpad/Schweden	2/12 852	—	3T

Passivschicht treten auch in den Ätzgruben Ätzrückstände in Form eines Gelsaumes auf (Abb. 43 und 44). Die in den Abbildungen gezeigten Beispiele stammen von zwei verschiedenen Biotiten (Tab. 4, Nr. *11* und *16*). Bei dem einen (Nr. *16*) ist durch eine nachfolgende Ätzung mit Salpetersäure die Keimdichte in den molekular glatten Bereichen zwischen zwei Stufen gegenüber der bei der reinen KOH- und NaOH-Ätzung auf etwa $1/3$ herabgesetzt worden. Die Nachätzung diente mehr zur

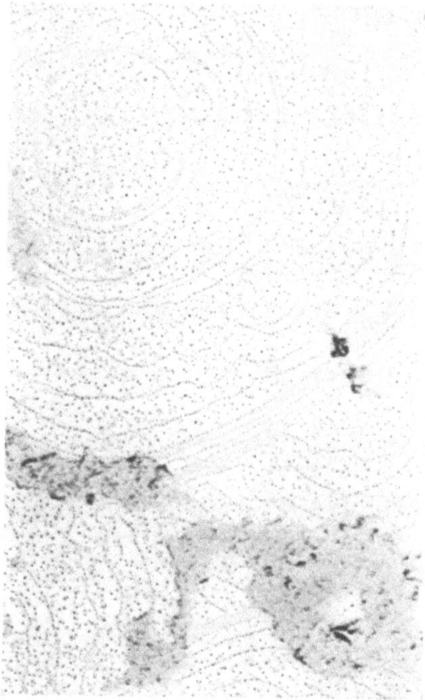

Abb. 43. Ätzgrube mit Gelsaum in Biotit (42000fach, KOH-Ätzung)

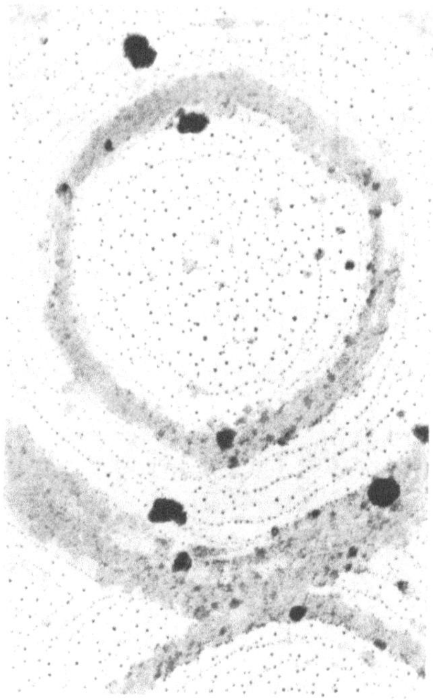

Abb. 44. Ätzgrube mit Gelsaum in Biotit (42000fach, KOH- und HNO_3-Ätzung)

Reinigung als zur Erzielung neuer Formen der Lösungsfigur. Wie man sieht, blieb der Gelsaum auch bei der Nachätzung erhalten. In Abb 45 und 46 werden nochmals zwei Beispiele ohne Gelsaum gezeigt, in denen an ein und demselben Glimmerstück (Nr. *11*) die beiden unterschiedlichen Ätzbehandlungen demonstriert werden.

Die aus der Feinstruktur der Ätzgruben an diesem Präparat herauslesbare 1M-Struktur war nur an wenigen Stellen gestört. Das steht in guter Übereinstimmung mit dem über die gesamte Fläche des Glimmerstückes sehr konstanten Achsenwinkel von $2V_X = 18°$.

Bei den Biotiten ist die Mischungsreihe vom reinen Magnesiumglimmer bis zum reinen Eisenglimmer lückenlos. *Ehrenreich Tröger* (1955) empfiehlt deshalb, die Biotite je nach Molekularverhältnis Mg : Fe „am besten in vier gleich große Gruppen: 0–25% Fe = Phlogopit, 25–50% Fe = Meroxen, 50–75% Fe = Lepidomelan, 75–100% Fe = Annit" einzuteilen. *Strunz* (1957) sieht bei der Klassifikation der Phyllosilikate in der Biotitreihe die Endglieder Phlogopit und Siderophyllit und dazwischen nur Biotit vor. Der Name Annit wird als „veraltet und wohl überflüssig" bezeichnet. *Donnay* und Mitarbeiter (1964) haben dagegen den von ihnen untersuchten synthetischen Eisenglimmer „ferri-annite" genannt und mit dem Vorwort „ferri" angedeutet, daß dieser Annit Fe^{3+}-Ionen an Stelle von Al-Ionen in den Tetraedermitten enthält. Auch wird ein Meroxen oft einfach als Biotit bezeichnet,

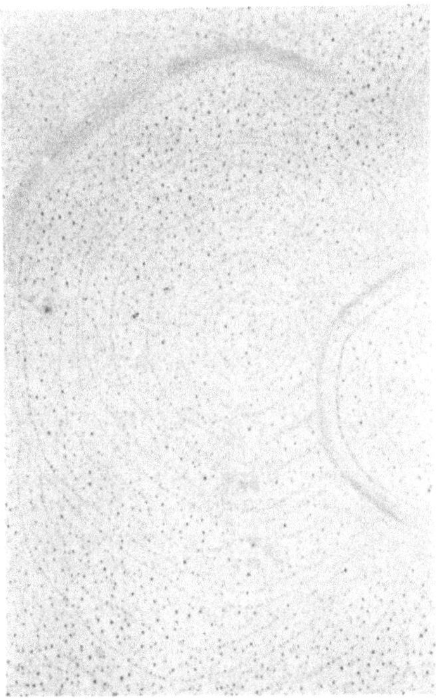

Abb. 45. Ätzgrube in Biotit Nr. 11 (42000-fach, KOH-Ätzung)

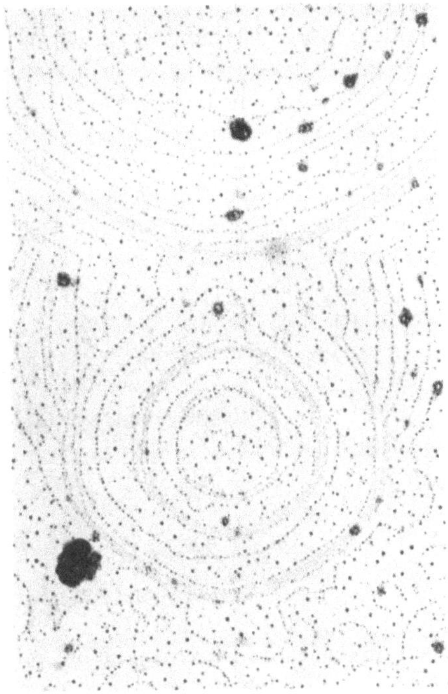

Abb. 46. Ätzgrube in Biotit Nr. 11 (42000-fach, KOH- und HNO_3-Ätzung)

vielleicht, weil er die am häufigsten auftretende Varietät des Biotits ist. Die Bezeichnung der Biotite ist also nicht frei von einer gewissen Willkür. Es genügte sicher, angesichts der gleitenden Übergänge von einem Mineral zum anderen, nur von Biotit zu sprechen. Wenn trotzdem über Resultate der Ätzmethode an Phlogopit, Lepidomelan und Anomit in gesonderten Abschnitten berichtet wird, dann, um damit spezielle Fälle herauszustellen, die erst durch die Ätzmethode offenbar geworden sind.

Lepidomelan

Durch seinen relativ hohen Eisengehalt ist der Lepidomelan im Vergleich zu Meroxen und Phlogopit besonders empfindlich gegen Säuren. Die Herstellung der Dekorationspräparate ist auch immer durch Ätzrückstände etwas beeinträchtigt. Ausgehend von der allgemeingültigen Regel, daß der Winkel zwischen den optischen Achsen bei den Biotiten mit dem Eisengehalt zunimmt, wurde bei den zur Verfügung stehenden Lepidomelanen überwiegend eine 1M- bzw. eine 2M-Struktur erwartet. Der Lepidomelan von Brevig (Tab. 4, Nr. *22*), welcher als erster untersucht wurde, zeigte dagegen an ein und demselben Stück ein unterschiedliches Ätzverhalten. In der Feinstruktur der Ätzgruben traten meist Verzweigungen auf. Es ließen sich alle Schichtstrukturen nachweisen. Als neues Resultat der Ätzmethode sind spezielle Verwachsungen von Schichtbereichen mit 3T-Struktur anzusehen. In Abb. 47 erkennt man z. B. an der großen Ätzgrube von innen nach außen abzählend zwei Schichtbereiche mit 3T-Struktur, die nur durch eine Zwillingsachse $[01\bar{1}0]$ ineinander übergeführt

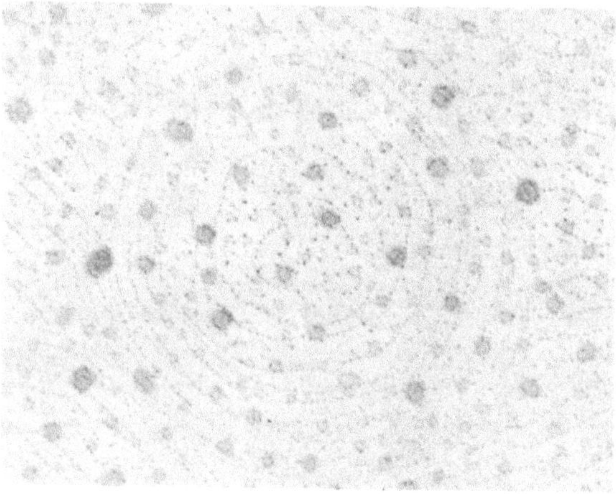

Abb. 47. Dekorierte Feinstruktur einer Ätzgrube in Lepidomelan, die eine verzwillingte 3T-Struktur nach $[01\bar{1}0]$ anzeigt. Verwachsungsebene ist (0001). (42 000fach, KOH-Ätzung)

werden können. In Übereinstimmung mit dem Auftreten der einzelnen Feinstrukturen an diesem Lepidomelan war auch dessen optisches Verhalten. Material von der glatten Seite des Glimmerstückes hatte durchweg den Achsenwinkel $2V_X = 0°$, während zwei andere Blättchen von der Rückseite des Stückes Winkel von 6° bzw. von 9,5 ··· 10,5° hatten. Die beiden in Tab. 4 als Biotit ausgewiesenen Lepidomelane Nr. *15* und *24* hatten fast durchweg eine 3T-Struktur. Ein besonderes Ätzverhalten zeigte der Lepidomelan von Låven (Nr. *23*). Seine Schichtstruktur muß als triklin bezeichnet werden. Er war weder durchgehend ein- noch zwei- noch dreischichtig. Seinem optischen Verhalten nach zu urteilen, lag aber eine einheitliche Struktur vor. Zu den streng sechszähligen, gut ausgebildeten Durchdringungsformen der Ätzgruben lag das Achsenbild immer um den gleichen Winkelbetrag abweichend von der weiter unten beschriebenen Anomitlage nach derselben Seite verdreht vor. Der nachträglich untersuchte Biotit Nr. *13* zeigte ein gleiches Ätzverhalten. Die Störung der dreizähligen Symmetrie der Ätzgruben war an diesen optisch sehr klaren Kristallen besonders auffällig. Es deuten sich damit Parallelen zu dem weiter unten beschriebenen Ätzverhalten der Lithionglimmer und den dort gezogenen Rückschlüssen auf die Asymmetrie des Kationengitters an.

Anomit

Nach *Levinson* und *Heinrich* (1954) sind die Bezeichnungen Anomit und Meroxen gleichbedeutend mit Zweischicht- bzw. Einschichtbiotit. Die Autoren haben von über 260 Biotiten verschiedener Herkunft an Hand von *Weißenberg*-Aufnahmen die Schichtperiodizität bestimmt und nur ein-, zwei- und dreischichtige Biotite gefunden. Bei den untersuchten Zweischichtbiotiten war die Ebene der optischen Achsen senkrecht zur Ebene (010), d. h., alle Zweischichtbiotite waren Glimmer erster Art wie der gewöhnliche Muskovit. Alle dunkelgefärbten Einschichtbiotite hatten mit Ausnahme von drei Manganophylliten die Ebene der optischen Achsen parallel zur Ebene (010). Außerdem stellten die Autoren durch Vergleich mit den röntgenographisch durchgeführten Lagebestimmungen der Ebene (010) fest, daß die Bestimmung der Orientierung mit Hilfe der Schlagfigur in über ein Drittel der Versuche unzuverlässig war.

Dieser Mangel tritt bei einer Bestimmung der Orientierung mit Hilfe der Ätzmethode nicht auf. Die mit HF-Dampf erzeugte Ätzfigur aller Biotite ist ein Dreieck. Liegt die Ebene der optischen Achsen in der Symmetrielinie des Dreiecks, dann hat der Biotit eine 1M-Struktur. Liegt sie parallel zu einer Seite des Dreiecks, dann hat der Biotit eine $2M_I$-Struktur, d. h., es handelt sich um einen Anomit. Durch Anätzen eines dünnen Schichtpaketes von zwei Seiten, durch Anätzen eines Kanals und bei hinreichender Nachbarschaft von Einzelstufen in normalen Ätzgruben kommt es zur Ausbildung von Flächen, die teilweise oder ganz der Ätzfigur die Form eines regelmäßigen Sechsecks geben. Es liegt dann ein 1M-Biotit vor, wenn die Ebene der optischen Achsen durch zwei gegenüberliegende Ecken des Sechsecks geht. Diese Richtung ist dann auch gleichzeitig die der Ebene (010). Steht die Ebene der optischen Achsen dagegen senkrecht auf zwei gegenüberliegenden Seiten des Sechsecks, dann liegt eine $2M_I$-Struktur vor. Die Ebene (010) steht dann senkrecht auf der Ebene der optischen Achsen. Zur Bestimmung der Orientierung der Kristalle und damit zur Bestimmung der Schichtstruktur sind die KOH- und die NaOH-Ätzung in Verbindung mit dem Konoskopbild genauso geeignet.

Nun haben *Ross, Takeda* und *Wones* (1966) 42 Kristalle des in der Lava von Ruiz Peak, New Mexico, vorkommenden Oxybiotits untersucht und eine große Zahl neuer polymorpher Strukturen der Glimmer gefunden. Etwa ein Drittel der Kristalle war monoklin oder triklin mehrschichtig mit 4M-, 8M- bzw. 20M-Struktur oder 8Tc-, 10Tc-, 14Tc- bzw. 23Tc-Struktur. Die Autoren sind sicher, außer diesen Mehrschichtstrukturen in dem von *Lee* (1958) beschriebenen Glimmer eine 11schicht-Struktur nachgewiesen zu haben. Dadurch angeregt, haben sie die möglichen Stapelfolgen von Glimmereinzelschichten unter der nicht streng zutreffenden Voraussetzung reiner Polytypie (vgl. *Güven* und *Burnham* 1965/66) durch Permutieren der Einzelschichtorientierungen systematisch abgeleitet und zur Beschreibung eine neue Symbolik eingeführt. Ein weiteres Beispiel für eine Mehrschichtstruktur ist die von *Takeda* und *Donnay* (1965) an einem synthetischen Lithium-Fluorophlogopit gefundene 4schicht-Struktur. Gegenüber der Vielzahl der Glimmer mit höchstens 3schicht-Struktur sind diese polymorphen Strukturen aber als Ausnahmen anzusehen, so daß die Schicht-

Tabelle 5. Licht- und elektronenmikroskopisch untersuchte Glimmer der Biotitreihe

Nr.	Mineral	Fundort	Sammlung	Bemerkungen	Schichtstruktur
1	Lepidolith	Auersdorf	1/2 048	mit Quarz, Cleavelandit (Albit) u. Turmalin	1M + $2M_2$
2	Lepidolith	Penig/Sa.	1/2 033	—	1M
3	Lepidolith	Penig/Sa.	2/12 888	Ätzverhalten wie b. Muskovit/Lithiummuskovit	$2M_1$
4	Lepidolith	No. 10 in Amer. Miner. *23* (1938) 615	—	—	1M
5	Lepidolith	Schönfeld/Böhmen	2/20 130	—	1M
6	Lepidolith	Maine	2/12 887	—	1M
7	Lepidolith	Rozna/Mähren	2/9 087	—	1M
8	Lepidolith	Paris/Maine/USA	3/24 942	—	$2M_2$
9	Lepidolith	Varuträsk	1/2 043	Lithiumpegmatit/große Track-Dichte	$2M_2$
10	Lepidolith	Schlaggenwalde	1/2 039	Ätzverhalten wie $2M_1$-Margarit (Übergangsformen d. Ätzfig. Musk. · · · Marg.)	$2M_1$-Lepidol.?
11	Lepidolith	No. 12 in Amer. Miner. *23* (1938) 615	—	—	$2M_2$
12	Lepidolith	No. 14 in Amer. Miner. *23* (1938) 615	—	—	3T
13	Lepidolith	synth. *M. Ross* Wash./D. C./USA	—	—	1M
14	Xanthophyllit	Chichibu Mine/Japan	—	—	1M
15	Xanthophyllit	Nikolaje-Maximilianowk	1/1 308	—	3T
16	Xanthophyllit	Achmatowsk/Ural	3/45 324	—	1M
17	Waluewit	Nicolaigrube b. Koussiskoi/Ural	2/12 948	—	1M
18	Zinnwaldit	Zinnwald	1/2 021	—	1M
19	Zinnwaldit	Zinnwald	1/2 018	—	1M
20	Zinnwaldit	Zinnwald	1/2 011	—	1M
21	Zinnwaldit	Zinnwald	2/12 882	mit Flußspat	1M
22	Rabenglimmer	Altenberg/Sa.	2/12 881	pleochroit. Höfe	1M-Biotit!
23	Zinnwaldit	Zinnwald	5/3 921	fasrig/z. T. 1M/ bei $2M_1$-Struktur Übergangsform zwischen Muskovittyp und Margarittyp	
24	Clintonit	Amity/N. Y.	—	—	3T
25	Clintonit	Warwick/New York/USA	3/25 136	—	Tc
26	Brandisit	Fassatal/Monzoni/Alpen	2/12 950	mit Fassait/unregelmäßig verwachsen	Tc

strukturbestimmung mit Hilfe des Konoskopbildes und der Ätzfiguren ihren Wert als sichere und einfach auszuführende Methode behält. Mit dieser Methode wurden unabhängig von röntgenographischen Bestimmungen und direkten Bestimmungen an Hand der Feinstruktur die Schichtstrukturen der in den Tabellen 1 bis 5 aufgeführten Glimmerproben bestimmt.

Bei den Anomiten von Kiautschau, aus Korea, von Greenwood und vom Baikalsee (vgl. Tab. 3 und 4), deren dekorierte Feinstrukturen für die entsprechenden Abbildungen in diesem und dem folgenden Abschnitt benutzt wurden, weist die Linienführung der Terrassenstufen diese als Biotite bzw. Phlogopite mit homogener Kationenverteilung aus.

An der in Abb. 48 dargestellten Projektion des Kationengitters der Einzelschicht auf die Basisebene soll das unterschiedliche Ätzverhalten der einerseits mit darunterliegenden Schichten im Kristallverband befindlichen, andererseits von den darunterliegenden Schichten gelösten Einzelschicht erläutert werden. Die Orte der Zwischenschichtkationen sind nicht gezeichnet. Ein kleiner Kreis markiert die unten liegenden, ein großer Kreis die oben liegenden Tetraedermitten. Die Oktaedermitten sind durch Dreiecke markiert. Nach der Spaltung ist eine durch das fehlende Kalium-Ion bedingte und „senkrecht zur Oberfläche gerichtete“ Valenz pro „Molekül“ frei, die durch eine adsorbierte Schicht abgesättigt wird. Meist kommt Wasser in Frage, da man ja auch unter Wasser spaltet. In der zusammenhängenden Oberfläche sind die O-Ionen durch die in den Tetraedermitten sitzenden Si- bzw. Al-Ionen gebunden. Sie schirmen diese Kationen vollständig ab, weil sie nach außen hin keine freie Valenz mehr zur Verfügung haben. Daraus erklärt sich die Beständigkeit der Basisfläche der Glimmer gegen den Fluorwasserstoffsäureangriff. Nach Bildung eines Lochkeimes ist das Ladungsgleichgewicht der Einzelschicht gestört. Die den Rand des Lochkeimes darstellende neue Oberfläche wird von O- und OH-Ionen gebildet, die noch freie Valenzen zur Verfügung haben. Die Abschirmung der Kationen ist in dieser Richtung nur teilweise realisiert. Die Chemisorption des Ätzmittels und alle weiteren Teilschritte der Ätzung werden dadurch begünstigt. Die Abschirmung dieser Kationen ist aber nicht nur eine Frage der nicht abgesättigten Valenzen der Anionen, sondern auch eine Frage der Geometrie, da bei der Ätzung eine Verbindungsbildung teilweise durch die Packung der Anionen hindurch erfolgen muß. Da jedes Kation in Richtung zur Randfläche hin Anionen bindet, wird die Schicht der Anionen dann am dichtesten gepackt sein, wenn auch die Schicht der dahinterliegenden Kationen am dichtesten gepackt ist. Für die von den darunterliegenden Schichten gelöste Einzelschicht sind in bezug auf die Ätzung dann „oben“ und „unten“ gleichwertig. Die zur Voraussage der niedrigsten Ätzgeschwindigkeit zu diskutierenden Randflächen müssen daher nicht nur die größte Kationendichte haben, sondern auch senkrecht zur Basisebene stehen. Die in Abb. 48 dargestellten Schnitte $A-A$, $B-B$ und $C-C$ erzeugen die gesuchten Flächen. Es sind die drei Flächenpaare (010) und $(0\bar{1}0)$, $(33\bar{1})$ und $(\bar{3}\bar{3}1)$ sowie $(3\bar{3}\bar{1})$ und $(\bar{3}31)$. Sie bilden als Endfigur der Lösung ein regelmäßiges Sechseck. Bei einer mit darunterliegenden Schichten im Kristallverband befindlichen Einzelschicht entsteht dagegen als Endfigur der Lösung ein gleichseitiges Dreieck.

Durch Kombination von Alkalihydroxid-Ätzung und Flußsäure-Ätzung lassen sich alle Übergangsformen zwischen den für die einzeln angewendeten Ätzungen charakteristischen Lösungsfiguren erzeugen. In den Abb. 49 bis 51 sind solche Übergangsformen des Terrassenstufenverlaufs dargestellt. Hat sich nun im Bereich einer Ätzgrube ein Schichtpaket vom darunterliegenden Kristallverband gelöst, dann tritt der obengenannte Fall ein. Die unterste Schicht des Pakets ist dadurch freitragend geworden und beginnt, wenn sie vorher von einer Dreieckseite berandet war, eine

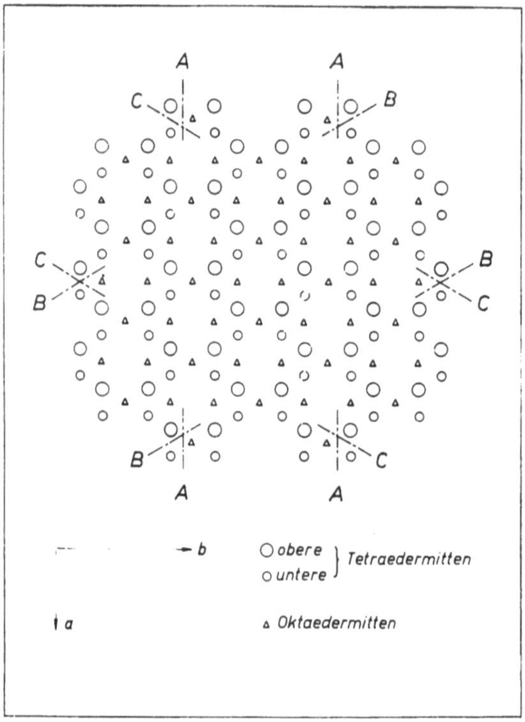

Abb. 48. Projektion des Kationengitters der Einzelschicht der Biotite auf die Basisebene

einspringende Ecke des Sechsecks auszubilden. Vgl. hierzu die Abb. 49 bis 51. Der Winkel von 140°, den die nach oben zeigende Ecke in Abb. 50 a einschließt, weist sie als noch im Entwicklungsstadium befindlich aus. Die in Abb. 50 b bis auf einen Winkel von 120° zugespitzten Ecken sind dagegen als fertig ausgebildet anzusehen. Außerdem ist in Abb. 50 b eine spitzwinklige Ecke, welche symmetrisch zur „Höhe" des Dreiecks der Terrassenstufe herausgeätzt worden ist, dargestellt. Ähnlich spitze Ecken mit dem gleichen Öffnungswinkel treten auch in anderen Ätzgruben, und zwar in den Kristallbereichen auf, in denen auch die 120°-Ecken auftreten (Abb. 51). Als niedrig indizierte Richtungen kommen für die Endfigur nur die drei Richtungspaare $[\bar{4}10]$, $[4\bar{1}0]$, $[730]$, $[150]$, $[1\bar{5}0]$, $[7\bar{3}0]$ in Frage. Bei der Durchsicht der Feinstruktur der Ätzgruben stellt man fest, daß sich nur dort diese spitzen Ecken ausbilden, wo eine hinreichend breite Terrassenstufe zur Verfügung steht. Sie entstehen im allge-

Abb. 49. Dekoriertes Ätzrelief in Anomit (60 000fach, KOH- und HF-Ätzung)

Abb. 50. a

Abb. 50. Einspringende Ecken in vom Kristallverband gelösten Schichtpaketen in Anomit (46 000fach, KOH- und HF-Ätzung). a) 140°-Ecke, noch im Entwicklungsstadium, b) 120°-Ecken und spitzwinklige Ecke in breiter Terrassenstufe

meinen als Fortsetzung der 60°-Ecken der Ätzfigur. Da dann die Lage jeder dieser Ecken in den einzelnen Schichten durch die Lage des in dieser Schicht gebildeten Lochkeimes bestimmt wurde – von möglichen Ausnahmen soll hier abgesehen werden –, müssen die physikalisch-chemischen Bedingungen für die Fortsetzung in Form der spitzen Ecke durch die 60°-Ecke mit festgelegt sein.

Abb. 50. b

Abb. 51. Einspringende Ecken in vom Kristallverband gelösten Schichtpaketen in Anomit (46 000fach, KOH- und HF-Ätzung)

Daß die Bedingungen für das Entstehen beider Formen gleich sein müssen, geht aus dem in Abb. 49 gezeigten Beispiel hervor. Die spitze Ecke entstand nicht, wie im Normalfall, als Fortsetzung der 60°-Ecke, sondern dazu seitlich versetzt unter dem Einfluß von Bedingungen, unter denen die benachbarte 120°-Ecke gebildet wurde.

Die Ausbildung der 120°-Ecken bietet die Möglichkeit, die Stufenbreite abzuschätzen, bei der die Einzelschichten ihre Lösungsfigur nicht mehr unabhängig voneinander ausbilden können. Sie kann höchstens in der Größenordnung des Durchmes-

Abb. 52. Unregelmäßige Ätzfigur in Anomit (26 000fach, HF-Ätzung)

sers der Dekorationskristalle liegen, denn die höher gelegenen Stufen schwenken erst bei unmittelbarer Nachbarschaft mit den darunterliegenden in die neue Richtung ab und bilden mit diesen gemeinsam eine mehrschichtige Stufe.

Einspringende Ecken mit einem Öffnungswinkel von 120° oder die geraden Kanten des Sechsecks treten als Ätzfigur auf, wenn freitragende Einzelschichten durch Ausbildung der obengenannten Randflächen die in der Ebene (001) liegenden Zonenachsen für alle die Flächen vorgeben, die durch parallel dazu sich einstellende Terrassenstufen aufeinanderfolgender Schichten im Verlauf der Ätzung gebildet werden können. Mit einigen Beispielen soll noch belegt werden, daß die Nachbarschaft von Terrassenstufen weder notwendig noch hinreichend zur Ausbildung der Endfigur der Lösung in Form eines regelmäßigen Sechsecks oder von Teilen eines solchen ist. In

Abb. 52 ist eine Ätzfigur, welche aus mehreren benachbarten Terrassenstufen gebildet wird, dargestellt. Der geradlinige Verlauf des Randes weist diese Ätzfigur als eine „Endfigur" aus. Um die azimutale Lage der einzelnen Teile der Figur besser bestimmen zu können, wurde im Elektronenmikroskop das dekorierte Ätzrelief der Nachbarschaft darüber fotografiert. Die Eckwinkel betragen 140°, 90° und 143°. Die in Abb. 53 wiedergegebene Ätzfigur, welche ebenfalls durch benachbarte Terrassenstufen von mehreren Schichten gebildet wurde, hat die folgenden einspringen-

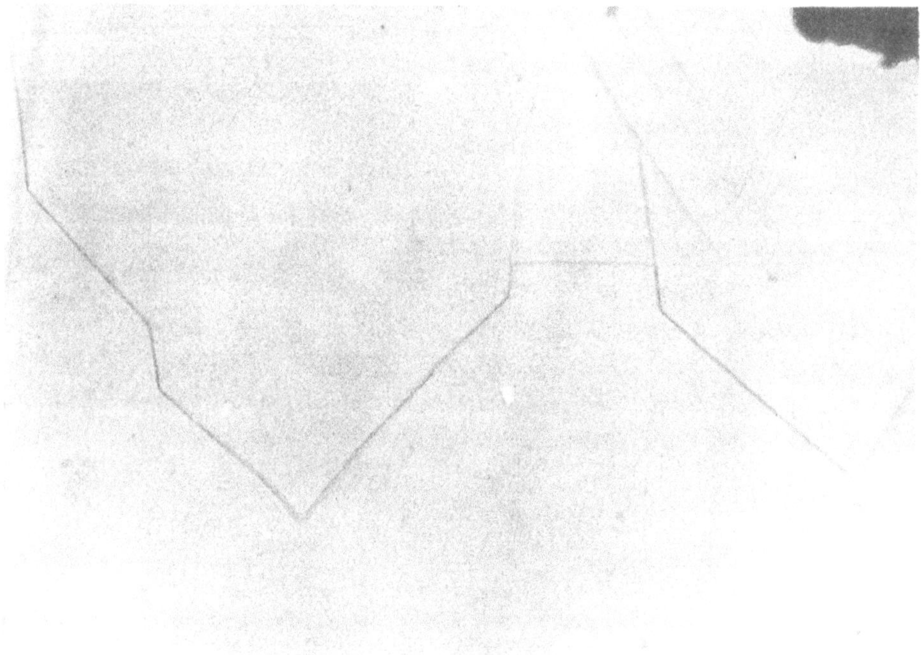

Abb. 53. Unregelmäßige Ätzfigur in Anomit (26000fach, HF-Ätzung)

den Winkel: 143°, 140°, 84° (ohne die spitze Ecke 99°), 139° bzw. in der rechts anschließenden Ätzfigur 139°. Der Winkel der vorspringenden Ecke in der linken Ätzfigur beträgt 145°.

Daß die Nachbarschaft von Terrassenstufen nicht notwendig ist, um Teile des Sechsecks als Endfigur auszubilden, belegt Abb. 54. Bei der Terrassenstufe in der Mitte des Bildes ist einmal die Ausbildung einer Ecke des Sechsecks eingeleitet und einmal die der dreieckigen Lösungsfigur, ohne daß die Einzelschicht durch eine benachbarte Terrassenstufe veranlaßt worden wäre, an der einen Stelle einem anderen Ätzmechanismus zu gehorchen als an der anderen Stelle.

Wie weiter oben bereits erwähnt, ist die Endfigur der Lösung bei einer Einzelschicht, welche mit darunterliegenden im Kristallverband zusammenhängt, ein gleichseitiges Dreieck. Auch die im Lichtmikroskop sichtbaren Ätzfiguren sind so begrenzt.

Es besteht demzufolge hier eine Möglichkeit, mit Hilfe von Ätzfigur und Konoskopbild die Richtung von a und b zu bestimmen. Es ist nur ein für allemal zu entscheiden, ob z. B. bei einem einschichtigen Biotit, bei dem die Ebene der optischen Achsen symmetrisch zur dreieckigen Ätzfigur liegt, die Spitze des Dreiecks bei nach rückwärts geneigter c-Achse nach vorn oder nach hinten zeigen muß. Diese mit Röntgen- und auch mit Elektroneninterferenzen zu entscheidende Frage ist aber auch strukturgeometrisch zu entscheiden.

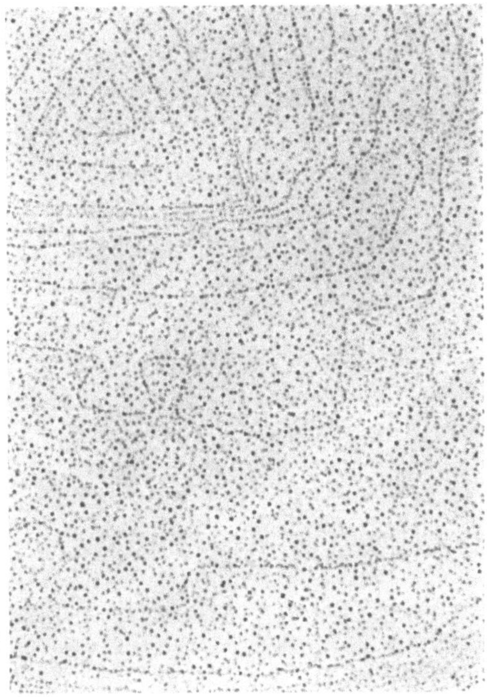

Abb. 54. Einzelne dekorierte Terrassenstufen in Anomit (90 000fach, KOH- und HF-Ätzung)

Im Lochkeim von der Tiefe einer Schichtdicke sei die Randfläche zunächst senkrechtstehend gedacht. In Kristallnähe wird sich vor der Randfläche im Ätzmittel ein „Konzentrationsgefälle" einstellen, was dafür sorgt, daß die obenaufliegende Tetraederschicht zuerst weitergeätzt wird. Die sich daraufhin einstellende Randfläche bildet dann mit der Basisfläche einen stumpfen Winkel. Da das Dreieck der Lösungsfigur auch Endfigur ist, sind die durch die Dreiecksseiten gehenden Flächen auch Flächen mit kleinster Ätzgeschwindigkeit in der Basisebene. Entscheidend für die Auswahl dieser Flächen wird daher die dichteste Packung der Anionen bei gleichzeitig größtmöglicher Abschirmung der Kationen sein. Hierbei wird es besonders auf die Abschirmung der Kationen mit oktaedrischer Koordination ankommen, da sie als zweiwertige Kationen am leichtesten herausgelöst werden können und so die Auflösung der ganzen Schicht einleiten.

Zur Entscheidung der oben gestellten Frage nach der Relativlage von Ätzfigur und Kristalltranslationen a und b wurden in Abb. 55 von den in Frage kommenden Flächen mit dichtester Anionenpackung die Projektionen auf die Basisebene dargestellt. Die Anionen sind als Kugeln gezeichnet. Die Lagen der Kationen sind durch kleine Dreiecke angedeutet. Von den symmetrisch zur (010)-Ebene liegenden Flächen ist nur je eine gezeichnet. Der Darstellung lag die präzisierte Struktur eines eisenreichen einschichtigen Phlogopits (*Steinfink* 1962) zugrunde. Die geringfügigen Ab-

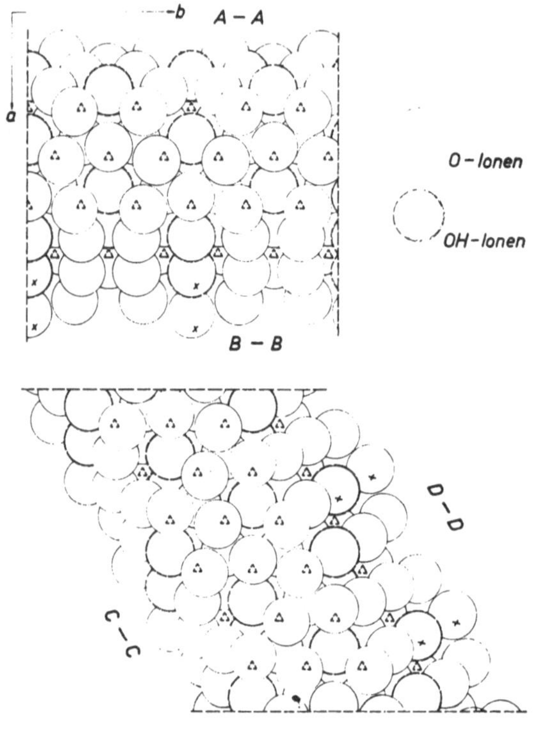

Abb. 55. Schematische Darstellung der mit der Basisfläche einen stumpfen Winkel bildenden Randflächen mit dichtester Anionenpackung

weichungen der Strukturen trioktaedrischer Glimmer untereinander erlauben, die Ergebnisse dieser Untersuchung als allgemeingültig anzusehen. Die Struktur des Phlogopits ist so aufgestellt, daß die a-Achse nach vorn und die b-Achse nach rechts zeigt. Man erkennt, daß z. B. bei der querliegenden Fläche $A - A$ die Kationen mit oktaedrischer Koordination vollständig abgeschirmt sind im Gegensatz zu denen in der Fläche $B - B$. Ganz entsprechend fällt der Vergleich der beiden Flächen $C - C$ und $D - D$ aus. Die unvollständige Abschirmung erleichtert dem Kation das Eingehen einer chemischen Verbindung mit dem Ätzmittel. Durch eine solche Verbindungsbildung werden die mit (x) gekennzeichneten Ionen gegenüber dem Kristall neutralisiert. Ihre Entfernung aus dem Kristallverband zerklüftet die Flächen $B - B$ und $D - D$ merklich. Die O-Ionen in der dritten Anionenschicht erhalten dadurch $1^2/_3$ freie Valenzen, was ihre Neigung zur Verbindungsbildung mit dem Ätzmittel wesentlich erhöht. Mit ihrer Entfernung beginnt aber die Freilegung der nächsten Kationenreihe. Das berechtigt zu der Annahme, daß die Flächen $A-A$ und $C-C$ eine kleinere Ätzgeschwindigkeit haben als die Flächen $B-B$ und $D-D$ und daß auf diese Weise eine dreieckige Ätzfigur mit nach hinten gerichteter Spitze als Endfigur der Lösung ausgebildet wird (Abb 56).

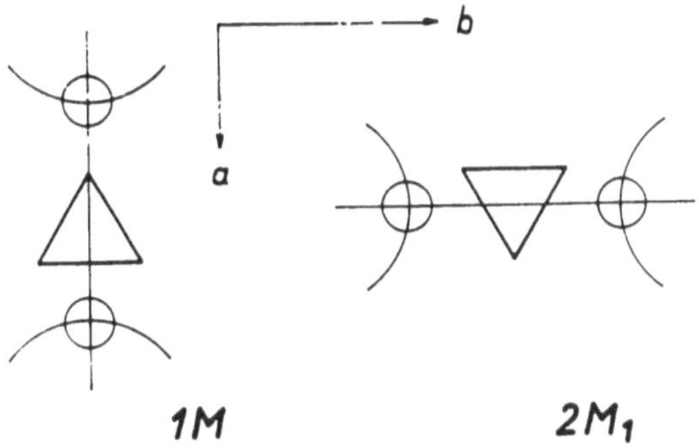

Abb. 56. Achsenbild und Ätzfigur der Biotite (schematisch)

Zur Prüfung dieser auf einer strukturgeometrischen Betrachtung fußenden Annahme wurde ein synthetischer Fluorophlogopit und der Biotit von Miask/Ural in Flußsäure geätzt und die relative Lage der Ebene der optischen Achsen zur Ätzfigur bestimmt. Die so und auch mit Hilfe der Feinstruktur der Ätzgruben als einschichtig bestimmten Glimmer wurden dann möglichst spannungsfrei und planparallel zum Röntgenfilm azimutal orientiert aufgestellt und mit Cu-K-Strahlung ein Weitwinkeldiagramm aufgenommen. In beiden Diagrammen zeigte die Verschiebung der 200-Extinktionslinie gegen das Lot von der Röntgenstrahlungsquelle zum Film die Lage der c-Achse relativ zur Ätzfigur wie oben vorausgesagt an.

Die für die Einzelschicht gültige Annahme über die Lage der a-Achse in der Ätzfigur gestattet auch eine Voraussage über die Lage der a-Achse in der interferenzoptisch orientierten Ätzfigur beim zweischichtigen Anomit. In der Einzelschicht sind die oberen gegen die unteren Tetraeder immer in Richtung einer der Dreieckspitzen verschoben. Beim Anomit wechselt wegen der $2M_1$-Struktur diese Verschiebung alternierend um 120°. Demzufolge muß die Spitze der dreieckigen Ätzfigur bei einem Anomit bei nach rückwärts geneigter c-Achse nach vorn zeigen (Abb. 56). Die Ätzfigur ist in bezug auf die Gleitspiegelebene der $2M_1$-Struktur symmetrisch. Da die Ebene der optischen Achsen beim Anomit aber parallel zu einer der Dreieckseiten liegt, muß sie notwendig auf der Gleitspiegelebene und damit auf der Ebene (010) senkrecht stehen und die interferenzoptische Orientierung der Ätzfigur mit den Achsen a und b ermöglichen. Auch diese Voraussage wurde einer Prüfung mit Röntgenweitwinkelinterferenzen unterzogen und bestätigt.

Wie Abb. 49 bis 51 zeigen, äußert sich die $2M_1$-Struktur der Biotite nicht in der Feinstruktur der Ätzgruben. Die Lösungsfiguren sind konzentrisch angeordnete gleichseitige Dreiecke. Gehen die zu zwei verschiedenen Ätzgruben gehörenden Lösungsfiguren ein und derselben Schicht im Verlauf der Ätzung ineinander über, so bilden sie eine konvexe Ecke. An dieser entsteht jedoch spontan eine Fläche $B-B$ oder $D-D$ (Abb. 57). Wird durch das Ineinanderübergehen mehrerer Ätzgruben ein Ätzhügel gebildet, dann wirkt sich die alternierende Orientierung der Einzelschichten so aus, daß an zwei Ecken des Ätzhügels immer mit den Schichten abwechselnd Flächen $B-B$ und $D-D$ ausgebildet werden. An der dritten Ecke entstehen nur Flächen $D-D$. Die verschiedenen Ätzgeschwindigkeiten der Flächen $B-B$ und $D-D$ haben unterschiedliche Stufenbreiten zur Folge, bis im Verlauf der Ätzung eine Fläche die in der darüberliegenden eingeholt hat (Abb. 58).

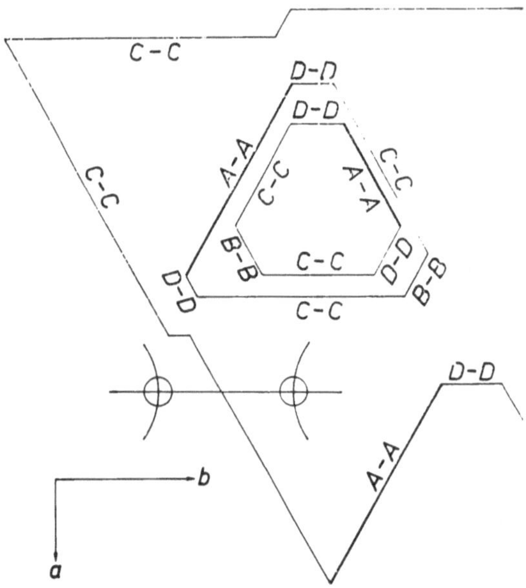

Abb. 57. Schematische Darstellung der Lösungsfiguren an einem Ätzhügel in einem $2M_1$-Biotit/Bezeichnung der Randflächen mit dichtester Anionenpackung nach Abb. 55

Abschließend sei noch die Feinstruktur eines Ätzreliefs im Anomit von Greenwood (Tab. 4, Nr. *20*) gezeigt, welche weniger spezifisch für den Anomit, als vielmehr spezifisch für die Ätzmethode selbst ist. Ursprünglich ist aus nicht mehr rekonstruierbarem Anlaß eine Ätzgrubenreihe entstanden, deren Leitlinien allerdings nur wenige Schichtdicken in die Tiefe reichten. Man erkennt diesen Sachverhalt in Abb. 59 an den äußeren symmetrisch zur „Grabenmitte" liegenden Terrassenstufen. Nachdem die Leitlinien durch die entstandenen Ätzgruben freigeätzt waren, hätte ein Graben mit flachem allenfalls gestuftem Grund übrigbleiben müssen. Durch den im Verlauf der Ätzung immer größer und auch langsam tiefer werdenden Grund wurden aber wieder Leitlinien erfaßt, welche für das Auftreten neuer Ätzgruben im Grund des Grabens sorgten. Die Lage dieser Ätzgruben streute dann um die Grabenmitte. Der jeweils flache Grund der neuen Ätzgruben konnte den Grabenbereich nicht überschreiten, so daß alle weiteren Ätzgruben innerhalb des Grabens entstanden und ihm sein Profil gaben. Die Häufung der in diesem Bereich des Kristalls vorhandenen Leitlinien wird also durch die Ätzung vom Grabenprofil aus anders dargestellt, als sie durch eine Ätzung von einer Spaltfläche aus dargestellt worden wäre. Der Ausbildung dieses Ätzreliefs lag somit eine gewisse Eigengesetzlichkeit zugrunde. Diese Eigengesetzlichkeit kann man an jedem Ätzrelief nachweisen.

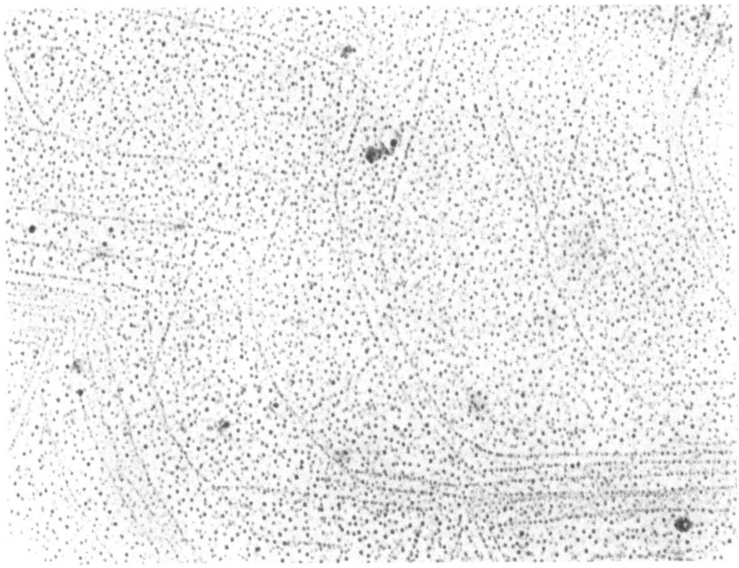

Abb. 58. Dekorierte Feinstruktur der linken unteren Ecke eines Ätzhügels in $2M_1$-Biotit (60 000fach, HF-Ätzung)

Phlogopit

Bei den einschichtigen Phlogopiten führt die Ätzung mit Flußsäure zu Ätzgruben, welche meist von einem gleichschenkligen Dreieck berandet sind (Abb. 60). Die Lösungsfigur der mit darunter im Kristallverband befindlichen Einzelschicht ist ebenfalls ein gleichschenkliges Dreieck mit konvexen Ausbuchtungen der beiden Schenkel (Abb. 61). Ätzporen haben die Form eines in einer Richtung verlängerten Sechsecks, wenn sie sich aus zwei oder mehreren in entgegengesetzter Richtung entwickelnden Ätzgruben gebildet haben (Abb. 62). Bei den Ätzgruben steht die a-Achse senkrecht auf der Dreieckbasis. Sie ist der Dreieckspitze entgegengerichtet. Die Ebene der optischen Achsen ist gleichzeitg Symmetrieebene der Ätzfigur. Im Gegensatz hierzu ist die Ätzfigur der zweischichtigen Phlogopite von dreizähliger Symmetrie. Die Ebene der optischen Achsen liegt stets parallel zu einer Dreieckseite, wobei die a-Achse senkrecht auf dieser steht und zur Spitze des Dreiecks zeigt. Wie bei den Anomiten äußert sich die $2M_1$-Struktur in Form von abwechselnd unterschiedlichen Stufenbreiten der Ätzhügel. Man kann z. B. an Hand der Feinstruktur des Ätzhügels in Abb. 63 die Orientierung des Präparates noch nachträglich feststellen. Bei den untersuchten Phlogopiten (Tab. 3) mit 1M-Struktur hatten die Ätzfiguren ohne Aus-

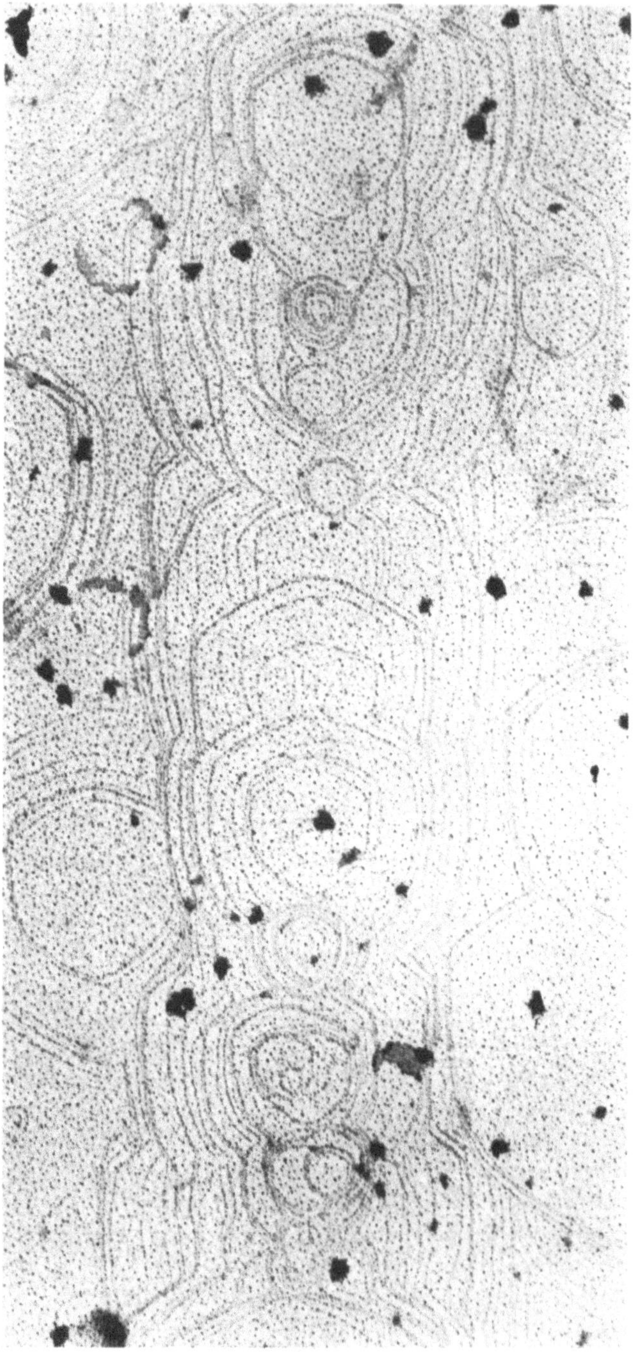

Abb. 59. Grabenförmiges Ätzrelief in Anomit (42 000fach, KOH-Ätzung)

nahme nur Spiegelsymmetrie, während sie bei den Phlogopiten mit $2M_1$-Struktur stets eine dreizählige Symmetrie aufwiesen.

Für die Untersuchungen standen u. a. vier synthetische Fluorophlogopite zur Verfügung (Tab. 3, Nr. *10, 12, 13, 14*). An diesen ließen sich nach Einwirken von Flußsäure bzw. Flußsäuredampf mit dem Lichtmikroskop außer Spaltstufen und isoliert

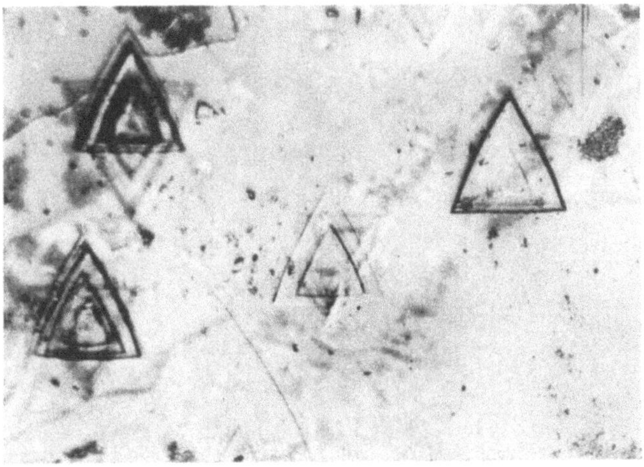

Abb. 60. Ätzgruben in 1M-Phlogopit (170fach, HF-Ätzung)

Abb. 61. Dekorierte Terrassenstufe im 1M-Phlogopit (100 000fach, HF-Ätzung)

auftretenden Ätzgruben keine weiteren Folgen des Ätzangriffs nachweisen. *Patel* und *Ramanathan* (1962) hatten synthetische Phlogopite mit demselben Ergebnis untersucht. Sie begründeten das durch Vielfachinterferenzen ausgewiesene „molekular glatte" Aussehen der geätzten Oberfläche mit dem Ausbleiben von Baufehlern im Kristall. Demgegenüber muß festgestellt werden, daß auf der gesamten Oberfläche der hier untersuchten synthetischen Phlogopite dicht liegend Ätzgruben und Ätzhügel auftraten, deren Tiefe bzw. Höhe je nach Präparat und Kristallbereich oft nur eine Schichtdicke betrug (vgl. hierzu die Abb. 61, 63, 64 und 69). Diese Ätzgruben und die dazwischen liegenden Ätzhügel entziehen sich jedoch der Beobachtung mit Vielfachinterferenzen wegen des begrenzten lateralen Auflösungsvermögens dieser Methode. Erst durch die elektronenmikroskopische Abbildung des dekorierten Ätzreliefs konnten so flache Ätzgruben nachgewiesen werden, deren Durchmesser im allgemei-

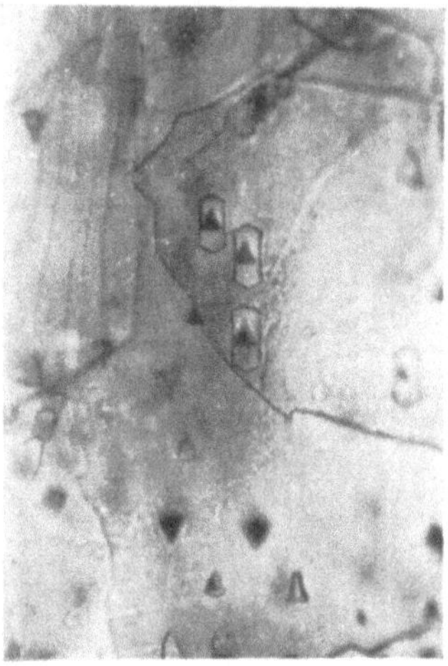

Abb. 62. a

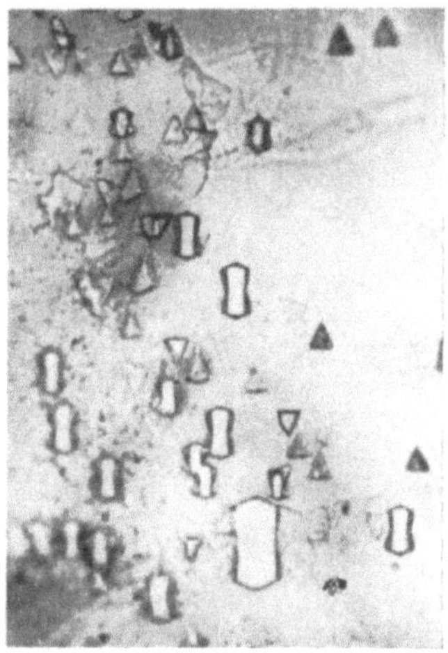

Abb. 62. b

Abb. 62. Ätzporen in Phlogopit (330fach, HF-Ätzung), a) nahezu Endfigur der Lösung, b) mit Flächenanteilen der sie erzeugenden Ätzgruben

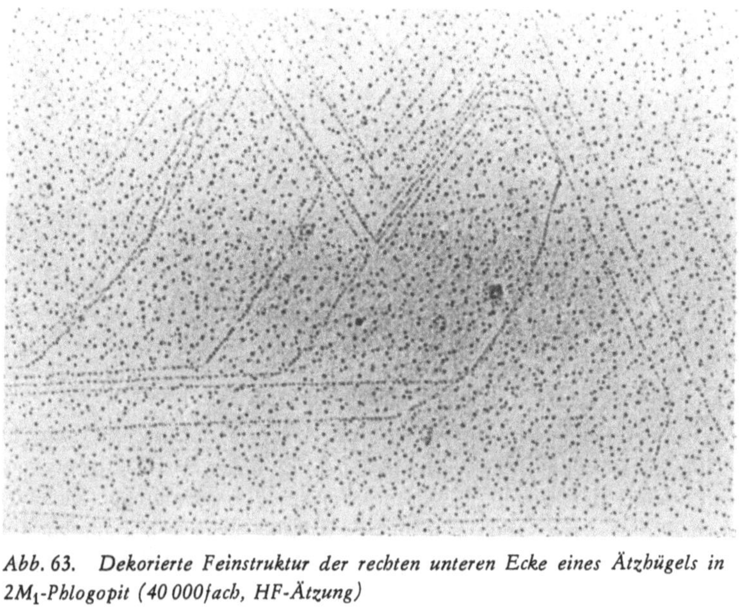

Abb. 63. Dekorierte Feinstruktur der rechten unteren Ecke eines Ätzhügels in $2M_1$*-Phlogopit (40000fach, HF-Ätzung)*

nen um Größenordnungen kleiner als die Interferenzstreifenbreite ist. Die KOH-Ätzung liefert im Gegensatz zur HF-Ätzung gerundete Formen der Lösungsfiguren der Einzelschicht. Auch an ihnen kann nachträglich die Orientierung des Präparates festgestellt werden. Man erkennt in Abb. 64 die Spiegelsymmetrie der Lösungs-

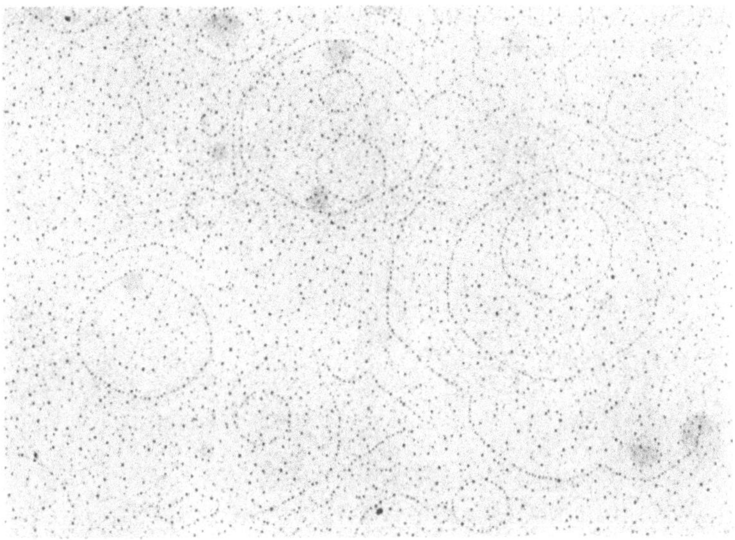

Abb. 64. Flache Ätzgruben in scheinbar molekular glatten Bereichen in synthetischem Phlogopit (100 000fach, KOH-Ätzung)

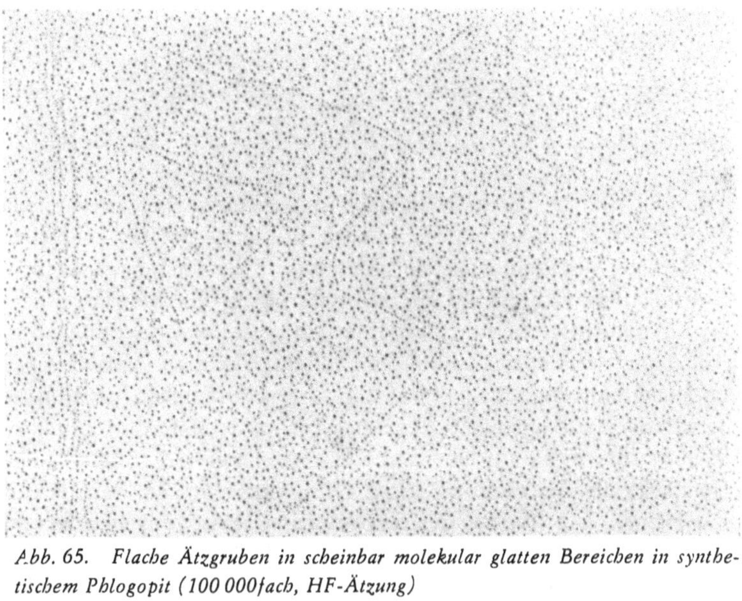

Abb. 65. Flache Ätzgruben in scheinbar molekular glatten Bereichen in synthetischem Phlogopit (100 000fach, HF-Ätzung)

figuren und an ihrer gleichorientierten Folge die 1M-Struktur des synthetischen Phlogopits. Da die Lösungsfiguren bei der $2M_1$-Struktur dreizählig sind, genügt eigentlich der Nachweis der Symmetrie m, denn 3T-Phlogopite sind synthetisch noch nicht dargestellt worden. Ganz entsprechend ist in Abb. 65 die 1M-Struktur an der Spiegelsymmetrie der Lösungsfiguren und darüber hinaus an der Gleichorientierung der zwei ineinandergestellten gleichschenkligen Dreiecke neben der fünfschichtigen Spaltstufe zu erkennen.

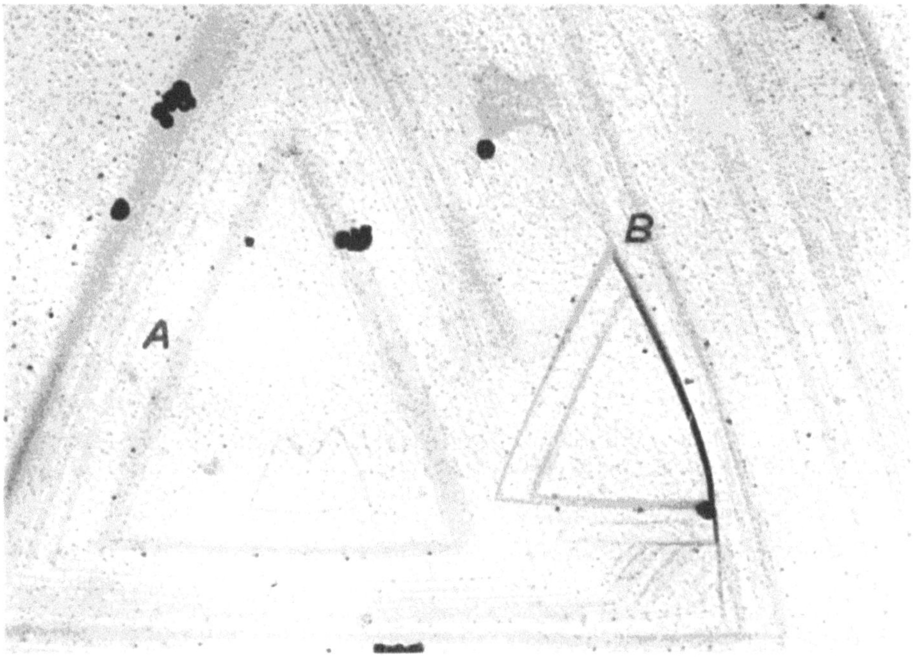

Abb. 66. Dekorierte Terrassenstufen in synthetischem Phlogopit (40 000fach, HF-Ätzung)

In den Abb. 66 und 67 sind tiefe isolierte Ätzgruben in synthetischem Phlogopit (Tab. 3, Nr. *14*) dargestellt. Es handelt sich um Ätzgruben, wie man sie nach kurzer Einwirkung von Fluorwasserstoffsäure bzw. deren Dampf auf synthetischen Phlogopit auch mit dem Lichtmikroskop nachweisen kann. Im Bereich *A* der Abb. 66 ist die fast konzentrische Anordnung der in sich geschlossenen Stufen durch eine etwa in c′-Richtung weisende, geradlinig verlaufende Leitlinie bedingt. Das Verhältnis von Lochkeimbildungsgeschwindigkeit zu Ätzgeschwindigkeit ist nicht konstant. Mit zunehmender Tiefe durchläuft es ein Maximum. Es nimmt im Grund der Ätzgrube den Wert an, den es auch in der von tiefen Ätzgruben freien Oberfläche hat. Gegen eine Hemmung der Ätzreaktionen durch Diffusion spricht die Tatsache, daß die bei Flußsäureätzung längs Bahnspuren von schweren Ionen entstehenden Ätzkanäle gewöhnlich auf der gesamten Länge auch bei dem kleinsten nachweisbaren Durchmesser innerhalb der Meßgenauigkeit einen konstanten Querschnitt haben. Aus Beispielen von natürlichen Glimmerkristallen, bei denen durch das Ausbleiben von Extinktionslinien im Röntgenweitwinkeldiagramm der Übergang zum Idealkristall angezeigt wird, darf man schließen, daß der geometrisch strukturelle Aufbau der einzelnen Glimmerschichten gleich ist. Der hohe Reinheitsgrad des hier verwendeten synthetischen Phlogopits läßt auch nicht die Annahme zu, daß die in beiden Ätzgruben erkennbare periodische Schwankung der Terrassenstufendichte auf periodische Schwankungen der Ätzgeschwindigkeit in den aufeinanderfolgenden Einzelschichten zurückzu-

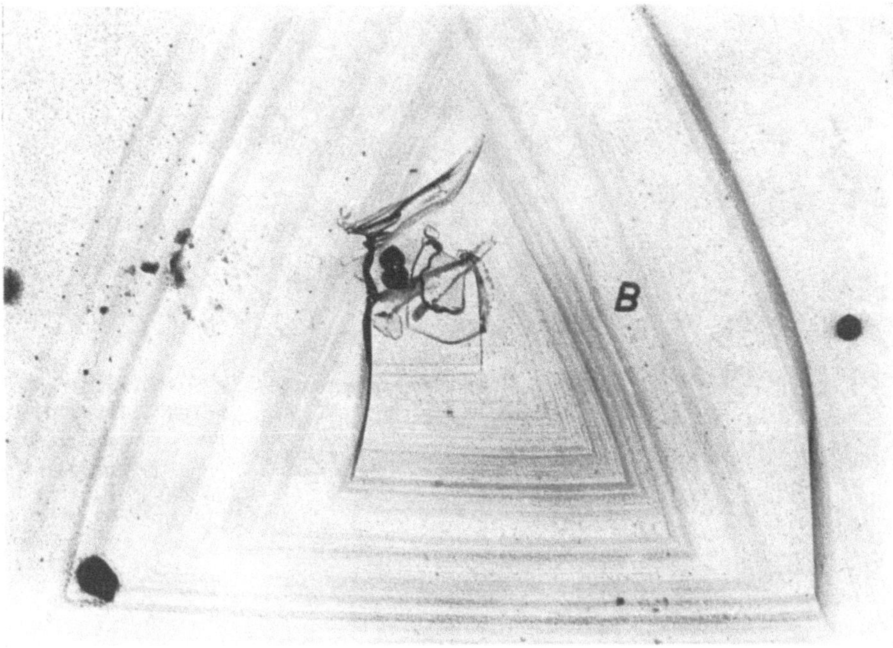

Abb. 67. Dekorierte Terrassenstufen in synthetischem Phlogopit (26 000fach, HF-Ätzung)

führen ist. Daraus folgt, daß sich eine Leitlinie nicht immer aus gleichwertigen Abschnitten von Schichtdickenlänge zusammensetzt. Eine Leitlinie ist sicher durch mehr als ein Merkmal gekennzeichnet. Es genügt nicht, sie z. B. nur als Versetzungslinie zu beschreiben. In beiden Ätzgruben sind offensichtlich mehr als eine Leitlinie an der Formgebung beteiligt. Die von der Tiefe an, in der in Abb. 67 die Fältelung der Folie einsetzt, für sich konzentrischen, aber gegen die in den darüberliegenden Schichten exzentrisch angeordneten Terrassenstufen zeigen eine neuangeätzte Leitlinie an. Zwischen der Markierung *B* und der in gleicher Tiefe liegenden rechten unteren Ecke der Ätzgrube ist im Gegensatz zu der entsprechenden Strecke in Abb. 66 die Herabsetzung der Ätzgeschwindigkeit auf eine spontane Vizinalflächenausbildung zurückzuführen.

Von den genannten synthetischen Phlogopiten war einer im Graphittiegel gezogen worden. Die gerundeten Formen der mit Flußsäuredampf erzeugten, im Lichtmikroskop sichtbaren Ätzgruben sind charakteristisch für die Lösungsfigur der Einzelschicht (Abb. 68). Das für Phlogopite typische gleichschenklige Dreieck ist in eine Übergangsform mit dem „Oval“ an Stelle der Dreieckschenkel übergegangen. Die a-Achse liegt in der Symmetrielinie und weist in die dem „Oval“ entgegengesetzte Richtung. Auch nach intensiver Ätzung ist bei diesem Glimmer die Oberfläche zwischen den tiefen Ätzgruben scheinbar molekular glatt. Durch die Dekoration der geätzten Oberfläche wurden jedoch Ätzgruben mit einem Durchmesser von weniger als 1 μm und

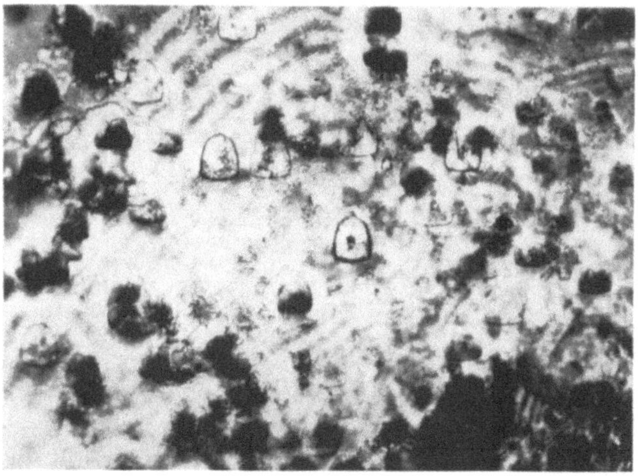

Abb. 68. Ätzgruben in synthetischem Fluorophlogopit (170-fach, HF-Ätzung)

Abb. 69. Flache Ätzgruben in scheinbar molekular glatten Bereichen in synthetischem Phlogopit (62000fach, HF-Ätzung)

einer Tiefe von meist nur einer Schichtdicke sichtbar (Abb. 69). Konkav gekurvte geschlossene Dekorationslinien zeigen einschichtige Ätzhügel an. Wie man an der gleichen Orientierung der Lösungsfiguren bei aufeinanderfolgenden Schichten sieht, liegt eine 1M-Struktur vor.

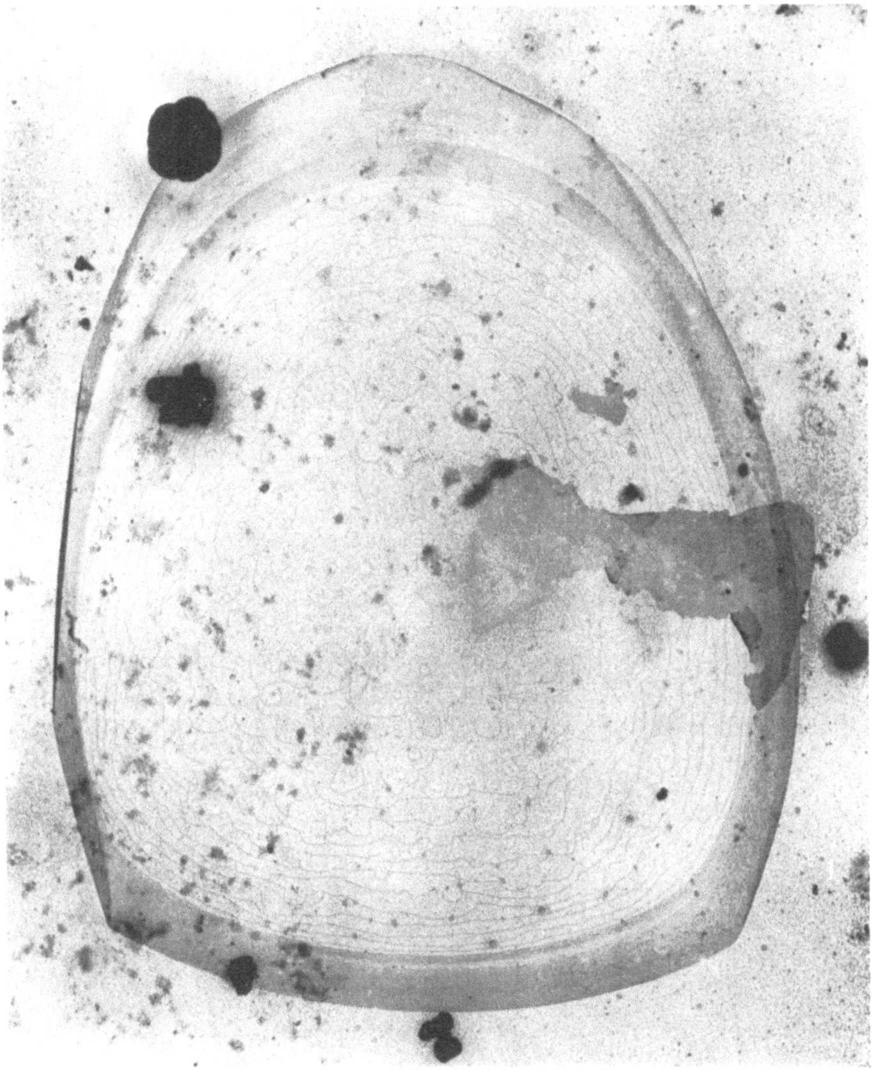

Abb. 70. Flache gestufte Ätzgrube in synthetischem Phlogopit (20 000fach, HF-Ätzung)

Im Fall der großen isolierten Ätzgrube äußert sich wieder die Eigengesetzlichkeit der Ausbildung des Ätzreliefs. In Abb. 70 und 71 sind zwei unter gleichen physikalischen Bedingungen entstandene Ätzgruben, eine flache und eine spitze, gegenüber-

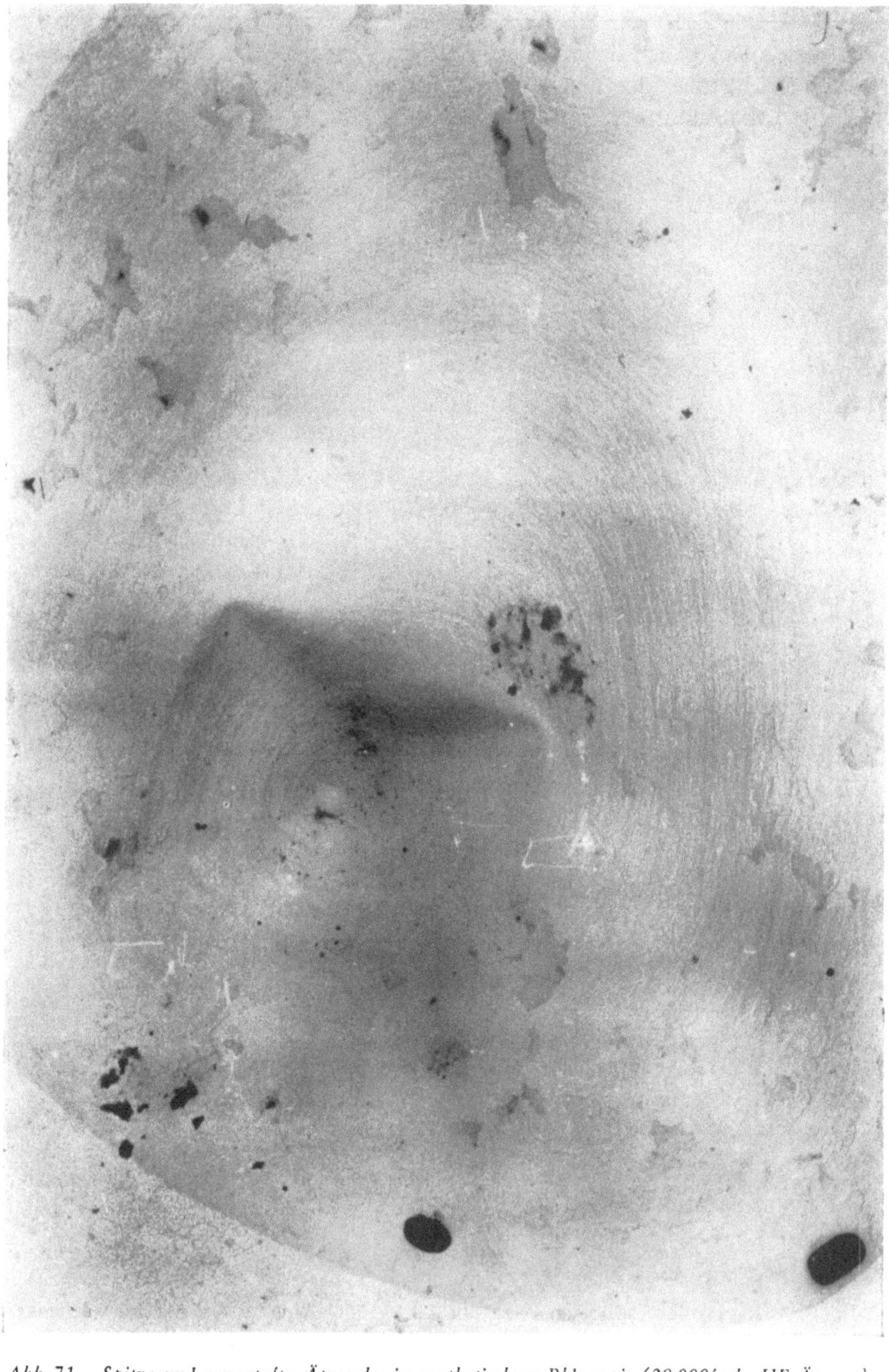

Abb. 71. Spitze und ungestufte Ätzgrube in synthetischem Phlogopit (20 000fach, HF-Ätzung)

gestellt. Die Fältelung der Kohlefolie (Abb. 71) ist bei der Herstellung von Dekorationspräparaten so großer und tiefer Ätzgruben praktisch unvermeidlich.

Im Grund der flachen Ätzgrube (Abb. 70) werden neue Terrassenstufen mit der Geschwindigkeit erzeugt, die auch die Abtragung der von isolierten, tiefen Ätzgruben freien Oberfläche bestimmt. Während dort von einer bereichsweise molekular glatten Spaltfläche ausgegangen wird, ist der Ausgangszustand im Fall der Ätzgrube durch den Zeitpunkt gegeben, zu dem die Leitlinie freigeätzt worden ist. Die Ätzgrube hat dann eine gestufte konische Form, deren Grund sich im Verlauf der Ätzung weitet, aber zunächst molekular glatt bleibt. Mit der für leitlinienfreie Bereiche gültigen Lochkeimbildungsgeschwindigkeit erfolgt dann auch eine Anätzung des zunächst molekular glatten Grundes, so daß auch dieser konisch wird, wenn auch mit sehr viel größeren Stufenbreiten als vorher. Trotz innerhalb der großen Stufenbreiten neugebildeter Terrassen bleibt im Mittel die flache konische Form erhalten, bis eine neue Leitlinie angeätzt wird. Von zwei Leitlinien, die von der gleichen Schicht aus in die Tiefe führen würden, wird im allgemeinen die mehr zur Mitte gelegene zuerst angeätzt. Sie bestimmt den weiteren Verlauf der Ausbildung der Ätzgrube und damit deren Form. Der flache Grund wird zu einer ringförmigen Zone, deren Breite mit der Zeit abnimmt. Die einzelnen Stufen rücken bis zur außen gelegenen Vizinalfläche vor. Bilden die nachfolgenden Stufen vor Erreichen der Vizinalfläche eine eigene, dann verringert die zwischen beiden Vizinalflächen liegende flache Zone ihre Breite mit geringerer Geschwindigkeit. Ihr Vorhandensein in der Feinstruktur läßt auf einen Haltepunkt im Tiefenwachstum der Ätzgrube und dieser auf die Existenz einer

Abb. 72. Ausschnittvergrößerung vom Rand der in Abb. 71 dargestellten spitzen und ungestuften Ätzgrube in Phlogopit (66 000fach, HF-Ätzung)

zweiten Leitlinie schließen. Der große flache Grund der Ätzgrube in Abb. 70 zeigt demzufolge einen zweiten Haltepunkt im Tiefenwachstum dieser Ätzgrube an. Die groben Stufen ließen sich auch im Lichtmikroskop erkennen. Demgegenüber waren in der spitzen Ätzgrube in Abb. 71 keine solchen Haltepunkte feststellbar. Die die Ätzgrube begrenzende Fläche ist keine Vizinalfläche mit eigener Ätzgeschwindigkeit. Der von der Spitze bis zu ihrem größten Durchmesser im Mittel fortlaufend gleiche Abstand der Stufen ist nur durch eine konstante Lochkeimbildungsgeschwindigkeit längs ein und derselben Leitlinie erklärbar. An diesem Beispiel wird deutlich, daß bei noch höherer elektronenmikroskopischer Vergrößerung (Abb. 72) und entsprechender Auflösung der Dekoration mit Hilfe der Ätzmethode Aussagen über den realen Schichtaufbau in weiten Schichtdickebereichen am Glimmer möglich sind. Es konnten z. B. in einer einzigen elektronenmikroskopischen Aufnahme mehr als 900 übereinanderliegende Schichten „im Schnitt" dargestellt werden. Der Anstieg der in Schichtstufen aufgelösten Fläche war 1:6,6 ··· 1:7. Abb. 72 stellt einen Ausschnitt aus einer solchen Aufnahme von dem mit der Aufnahme für Abb. 71 nicht erfaßten oberen rechten Rand der Ätzgrube dar.

Lepidolith

Lepidolith und Zinnwaldit nehmen als sogenannte Lithionglimmer unter den Glimmermineralen eine Sonderstellung ein. Im Lepidolith sind mehr als die Hälfte, im Zinnwaldit um ein Drittel der Oktaedermitten mit dem einwertigen Kation Li^+ besetzt. Diese Sonderstellung äußert sich auch im Ätzverhalten. Die Lösungsfigur der Einzelschicht hat im allgemeinen keine Symmetrielinie. In Abb. 73 ist die Feinstruktur einer mit Flußsäuredampf erzeugten Ätzgrube in einem Lepidolith wiedergegeben. Die Lochkeimdichte ist relativ groß, so daß die Form der Lösungsfigur erst bei kleiner Terrassenstufenbreite gut ausgebildet ist. An der gleichen Orientierung aller Terrassenstufen erkennt man die 1M-Struktur. Der Rand hat noch keine Vizi-

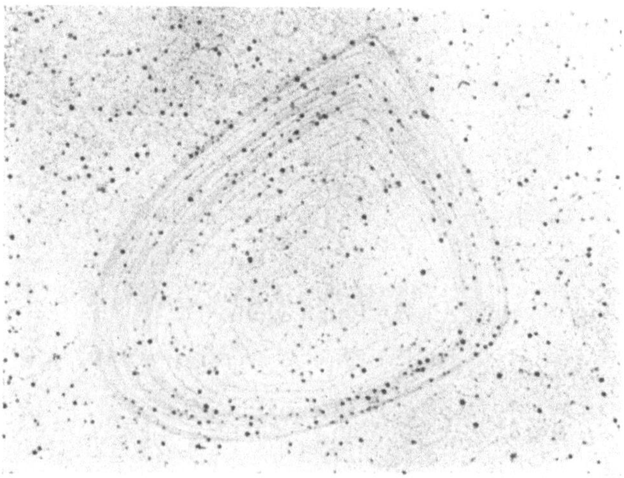

Abb. 73. Dekorierte Feinstruktur einer Ätzgrube in Lepidolith (33000fach, HF-Ätzung)

nalfläche mit herabgesetzter Ätzgeschwindigkeit ausgebildet. Der Grund zeigt den dritten Haltepunkt an. Seine Lochkeimdichte ist genauso groß wie die des die Ätzgrube umgebenden Bereiches, welcher von einer Spaltfläche aus abgetragen wurde. Die flache, konische Form des Grundes entstand wiederum auf Grund der Eigengesetzlichkeit der Ätzung.

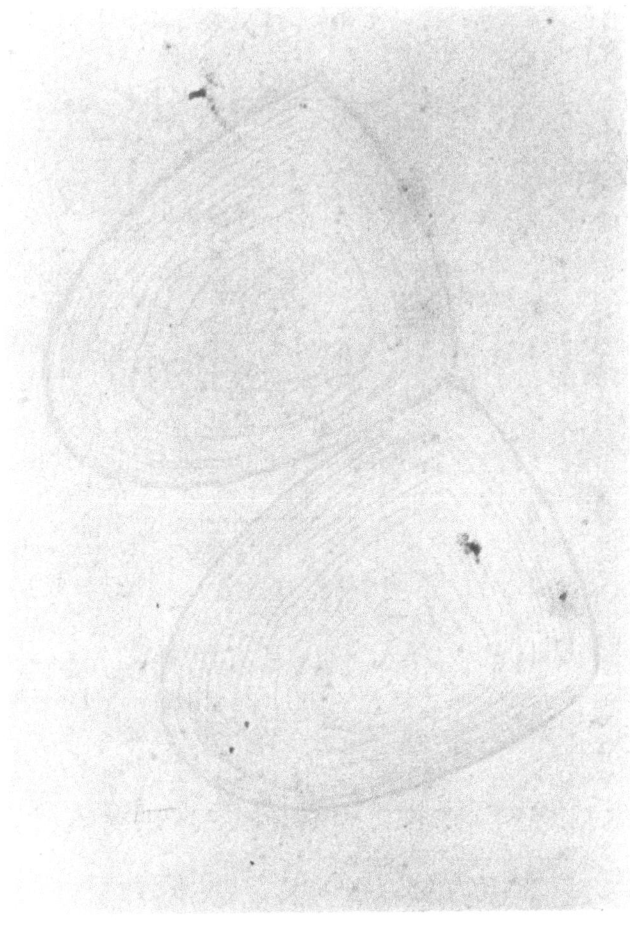

Abb. 74. Gleichorientierte und gleichausgebildete asymmetrische Ätzgruben in Lepidolith (26 000fach, HF-Ätzung)

Die Ätzgruben in Abb. 74 sind auf die gleiche Weise entstanden, nur daß sie keine Stufen haben. Der der Spitze gegenüberliegende Teil der Terrassenstufen ist, wie bei diesen beiden, bei allen Ätzgruben eines Kristallbereiches gleich ausgebildet und auch gleich orientiert. Die Größe solcher Kristallbereiche kann bis zu einigen cm^2 betragen und den ganzen vorliegenden Kristall ausmachen. Auch wenn optisch und röntgenographisch gesehen ein Einkristall vorliegt, können mehrere Bereiche vorhanden sein, in denen die Ätzgrubenform einheitlich, aber zu der im Nachbarbereich auftretenden enantiomorph ist. Der Übergang erfolgt kontinuierlich, ohne daß die Ätzgrubendichte sich ändert oder eine Korngrenze erkenbar wäre. Die im Übergangsbereich auftretende Form der Lösungsfiguren ist dann herzförmig und nur an einigen Stellen eine vollkommen symmetrische Figur (Abb. 75). Die Alkalihydroxid-Ätzung liefert fast die gleichen Formen, nur daß die Ecken mehr gerundet sind. In dem hierzu gezeigten Beispiel in Abb. 76 sieht man, daß, von der Tiefe der rechts oben im Bilde

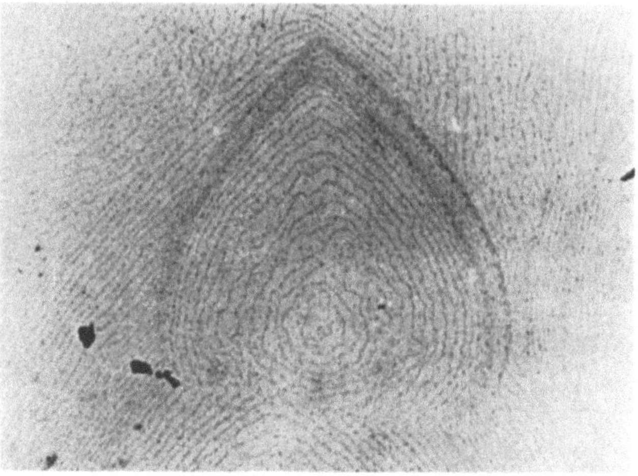

Abb. 75. Symmetrische herzförmige Ätzgrube im Übergangsbereich von links- zu rechtsenantiomorphen Formen in Lepidolith (30 000fach, HF-Ätzung)

Abb. 76. Dekorierte Feinstruktur einer Ätzgrube in Lepidolith (65 000fach, KOH-Ätzung)

an die Ätzgrube angrenzenden Fläche an gerechnet, eine Leitlinie für die Verdreifachung der Lochkeimbildungsgeschwindigkeit über sieben Stufen hinweg gesorgt haben muß, während die höher und tiefer gelegenen Bereiche der Ätzgrube ihre Ausbildung der Eigengesetzlichkeit der Ätzung verdanken. Auch so flache Ätzgruben können zur lichtmikroskopischen Bestimmung der Schichtstruktur benutzt werden. In Abb. 77 ist eine solche mikrophotographische Aufnahme wiedergegeben. Die flachen Ätzgruben haben die für die 1M-Struktur typische Form. Durch die Ätzgrubenreihe wird eine Korngrenze markiert. Die dadurch getrennten Kristallbereiche weisen röntgenographisch gesehen eine wechselseitige Verschwenkung um 180° auf. Da die Ätzfiguren in dem einen Bereich zu denen in dem anderen Bereich enantiomorph

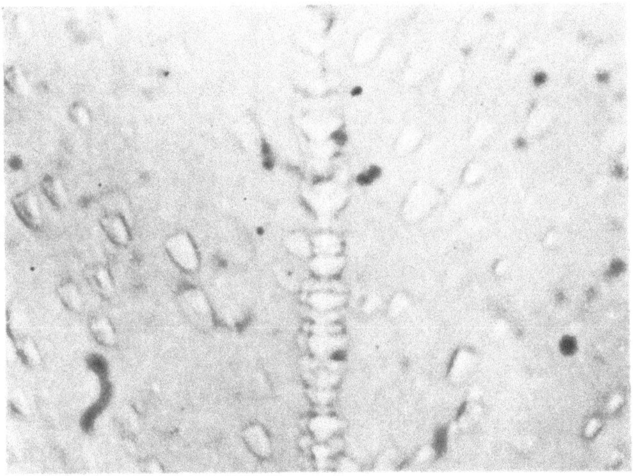

Abb. 77. Korngrenze zwischen Bereichen in Zwillingsstellung in Lepidolith (1040fach, HF-Ätzung)

sind, muß man von einer Zwillingsstellung nach (30$\bar{1}$) sprechen. Nach längerer Einwirkung des Ätzmittels bedecken die dann aneinandergrenzenden flachen Ätzgruben die gesamte Kristalloberfläche. Holt eine Terrassenstufe im Verlauf der Ätzung die oberhalb von ihr liegende ein, so wird wie bei den anderen Glimmern auch durch die neuentstandene „Fläche" eine erniedrigte Ätzgeschwindigkeit wirksam, und diese Teile der Ätzgrube beginnen sich einzuebnen und Flächen in niedrig indizierten Zonen auszubilden (Abb. 78). An Hand der tiefen, isolierten Ätzgruben in Abb. 79 soll gezeigt werden, daß man den Übergang von der links- zur rechtshändigen Form der Ätzgruben auch mit dem Lichtmikroskop verfolgen kann. Die kristallographische Orientierung der flachen Ätzgruben im elektronenmikroskopischen Präparat erkennt man, wenn man von Präparatteilen, bei denen mit dem Kohleabdruck gleichzeitig eine Glimmerlamelle abgehoben wurde, das Elektronenbeugungsbild aufnimmt. Zur Bestimmung der Orientierung der Ätzgruben im lichtmikroskopischen Präparat benutzt man die stets auch vorhandenen tiefen, isolierten Ätzgruben, die meist einen oberen flachen Teil mit gerundeten Formen und einen tiefergelegenen Teil mit geradlinig begrenzten Formen aufweisen (Abb. 79). Die Geraden verlaufen parallel den

Schlagstrahlen. Die Ebene der optischen Achsen liegt wie bei einem Glimmer zweiter Art. Die der Spitze gegenüberliegende, sich zuerst als Gerade ausbildende Seite verläuft parallel zur Richtung [110] bzw. [1$\bar{1}$0]. Durchdringen sich zwei von den bei-

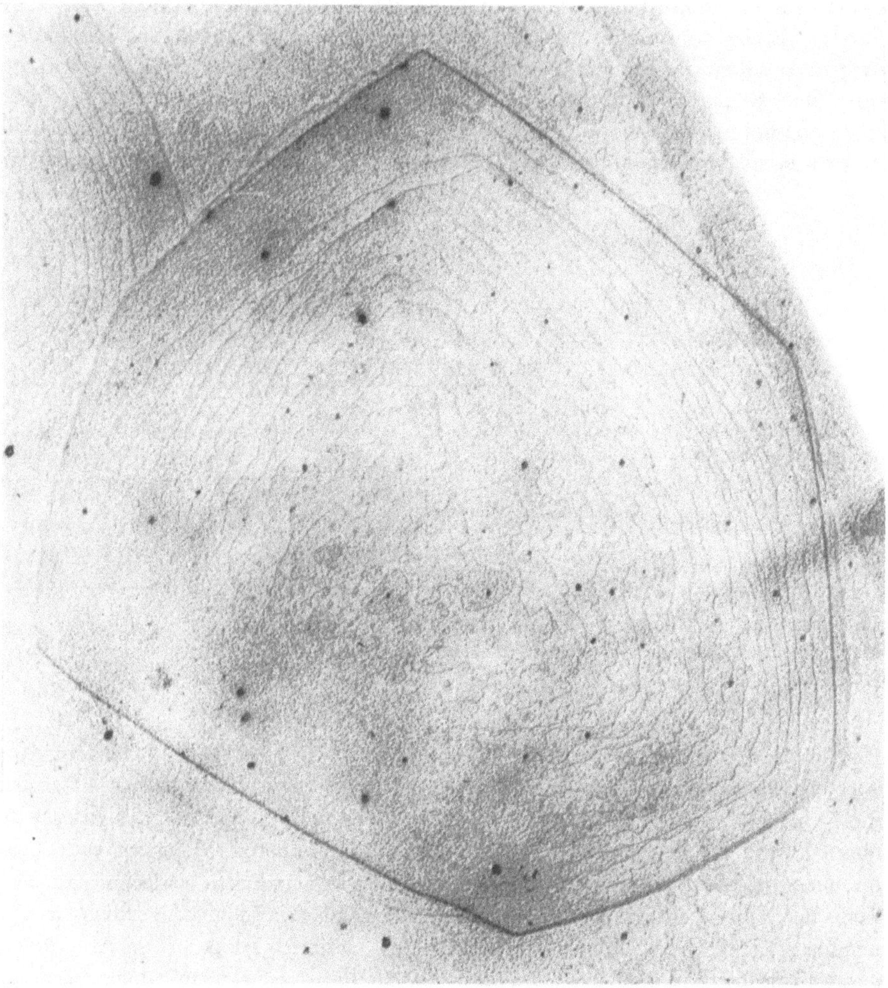

Abb. 78. Übergang zu Ätzfiguren mit niedrig indizierten Begrenzungsgeraden in Lepidolith (27 000fach, HF-Ätzung)

den Oberflächen einer Glimmerlamelle ausgehende Ätzgruben, dann ist die Endfigur ein durch Gerade begrenztes Sechseck mit dreizähliger Symmetrie. Wird ein Kanal angeätzt, dann ist der Querschnitt ein regelmäßiges Sechseck. Auch bei den einschichtigen Lepidolithen erhöht sich die Symmetrie der Ätzfigur, wenn die angeätzte Schicht nicht mehr mit den darunterliegenden im Kristallverband zusammenhängt.

Die Ursache für die Asymmetrie der Ätzgruben sowohl bei Lepidolith als auch bei Zinnwaldit ist noch ungeklärt, obwohl seit den ersten Ätzversuchen an diesen Mineralen über 100 Jahre vergangen sind. Im folgenden wird versucht, aus einer strukturgeometrischen Diskussion des Kationengitters der Lithionglimmer die Asymmetrie der Ätzgruben zu verstehen und für eine zukünftige verfeinerte röntgenographische Strukturanalyse Hinweise zu geben.

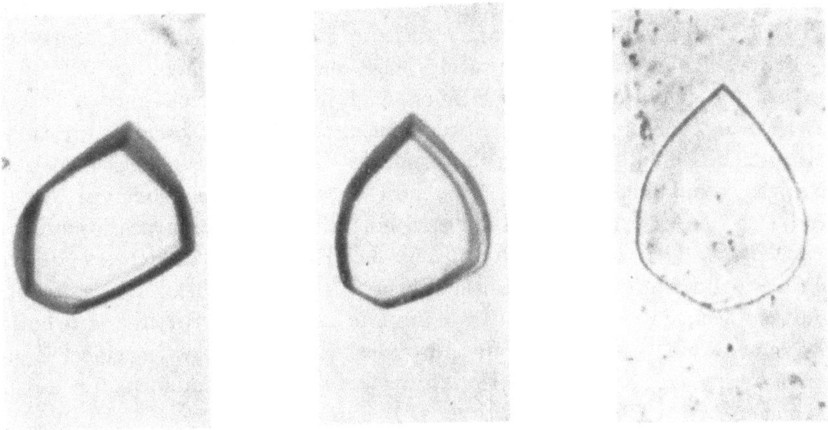

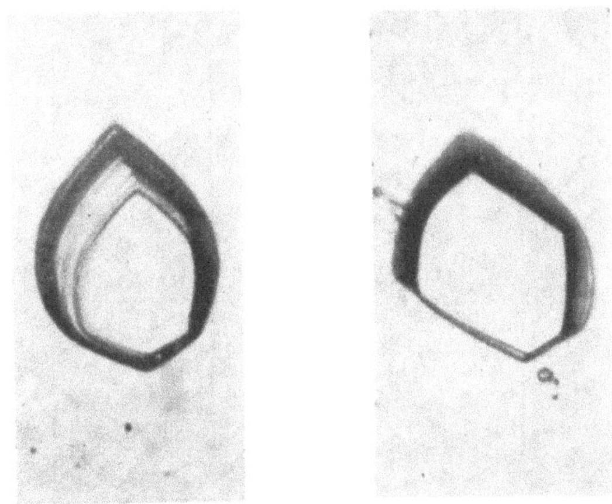

Abb. 79. Übergangsformen von der Links- zur Rechtsform der Ätzgruben in Lepidolith (420fach, HF-Ätzung)

Nach *Foster* (1960) ordnet man die Li-haltigen Glimmer je nach ihrem Eisengehalt in eine von zwei Mischungsreihen ein. Die eine beginnt mit dem Li- und Fe-freien Endglied Muskovit. Die andere Reihe müßte eigentlich der Zusammensetzung eisenhaltiger Glimmer mit geringem Li-Gehalt entsprechend mit einem dem Phlogopit analogen lithiumfreien trioktaedrischen Eisenglimmer Annit beginnen. Ein solcher Glimmer scheint aber in der Natur, wenn überhaupt, so nur ganz selten vorzukommen. Wegen der Zusammensetzung der übrigen in der Reihe einzuordnenden Glimmer sind als Endglied deshalb die in der Natur häufig vertretenen Glimmerminerale Siderophyllit und Lepidomelan anzusehen, deren Zusammensetzung jedoch nicht einheitlich ist, und in denen man immer einen geringen Li-Gehalt nachweisen kann. Bei beiden ist außerdem im Mittel ein Drittel der Oktaedermitten mit einem dreiwertigen Kation (Al, Fe^{3+}) besetzt. Dieser Anteil an dreiwertigen Kationen in den Oktaedermitten ist in der ganzen Reihe etwa der gleiche. Durch das hinzukommende Lithium wird nur zweiwertiges Eisen in den Oktaedermitten ersetzt. Den größten Li-Gehalt haben in beiden Reihen die Lepidolithe, welche bei dem höchstmöglichen Li-Gehalt in das beiden Reihen gemeinsame Endglied Polylithionit übergehen.

Bei den Lepidolithen ist demzufolge eine von den drei möglichen Oktaedermitten immer mit einem dreiwertigen Kation, und da überwiegend mit Al besetzt. Die zweite wird von einem Li-Ion eingenommen. Die dritte Oktaedermitte ist bei den eisenfreien Lepidolithen je nach Li-Gehalt des Glimmers nur teilweise, bei den eisenhaltigen Lepidolithen und bei Zinnwaldit entweder teilweise oder ganz mit einem Fe^{2+}-Ion besetzt. Dadurch sind die drei möglichen Oktaedermitten in bezug auf das Ätzverhalten stets ungleichwertig. Es ist bei Einkristallcharakter der Einzelschicht nicht möglich, sie symmetrisch zur Ebene (010) anzuordnen. Die Lösungsfiguren müssen demzufolge asymmetrisch sein. Die über weite Bereiche gleichorientierte Asymmetrie der flachen Ätzgruben in einem Lepidolith bzw. in einem Zinnwaldit weist diese somit als Einkristall auch in bezug auf das Kationengitter aus mit der Symmetrie C2. Die b-Achse wird zur polaren Achse.

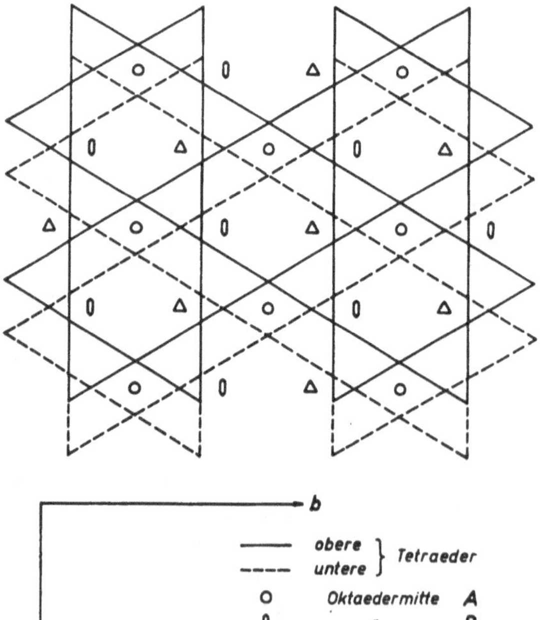

Abb. 80. Schematische Darstellung der Oktaederlagen in Lepidolith und Zinnwaldit

In der schematischen Darstellung der Normalprojektion des Gitters einer Einzelschicht auf die Basisebene in Abb. 80 sind die drei möglichen Oktaedermitten mit *A*, *B* und *C* bezeichnet. Die Tetraedernetzwerke wurden, um die Darstellung übersichtlich zu lassen, nur durch zusammenhängende Dreiecke angedeutet.

Sind bei der Ätzung einer freitragenden Einzelschicht unteres oder oberes Tetraedernetzwerk gleichwertig, dann bilden die Lagen *B* bzw. *C* die dichteste Packung auf regelmäßigen Sechsecken. Das ist auch die Endfigur der Lösung in diesem Fall. Sind unteres und oberes Tetraedernetzwerk nicht gleichwertig wie bei der Einzelschicht, die mit den darunterliegenden im Kristallverband zusammenhängt, dann sind die dichtgepackten Reihen der Oktaedermitten z. B. von *B* untereinander auch nicht mehr gleichwertig. Es wird eine asymmetrische Ätzfigur erwartet. Auf der Unterseite des Kristalls müssen Ätzfiguren entstehen, die in der Projektion auf die Basisebene zu denen auf der Oberseite enantiomorph sind. Wechselt die Orientierung der Oktaedermittenbesetzung nach *C*, dann müssen auf derselben Seite des Kristalls die enantiomorphen Formen der Lösungsfiguren entstehen. Dieser Wechsel von *B* nach *C* kann allmählich in dem Sinne erfolgen, daß die *B*-Ordnung unter Einbeziehung von *C*-Lagen immer mehr gestört wird, bis eine Gleichverteilung von *B*- und *C*-Lagen die herzförmigen Lösungsfiguren erzeugt, um dann allmählich in die geordnete *C*-Lage überzugehen.

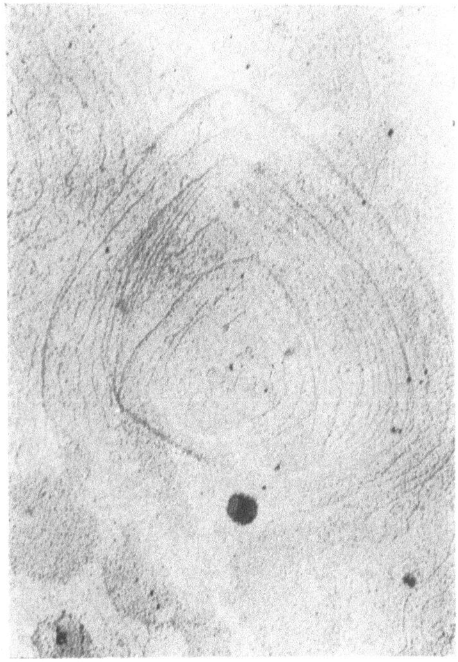

Abb. 81. Dekorierte Feinstruktur einer Ätzgrube in Lepidolith (27 000fach, HF-Ätzung). Die Lösungsfiguren zeigen übereinanderliegende Bereiche mit abwechselnd links- und rechtshändiger Struktur des Kationengitters an

Die Orientierung der Ätzgruben in Abb. 77 legt es nahe, anzunehmen, daß die *B*- bzw. *C*-Lagen durch die Wachstumsrichtung der auf den darunterliegenden Schichten aufwachsenden Einzelschicht bedingt ist. Die Störungen in der Korngrenze schließen eine fernwirkende Festlegung auf dieselbe Oktaedermittenbesetzung so gut wie aus.

Es bleibt die Frage nach der röntgenographischen Bestätigung der oben angenommenen Ordnung des Kationengitters offen.

Um aber zu garantieren, daß bei der röntgenographischen Untersuchung ein Einkristall auch in bezug auf das Kationengitter untersucht wird, müßte der für die verfeinerte Strukturanalyse auszuwählende Kristallbereich vorher mit Hilfe der Ätz-

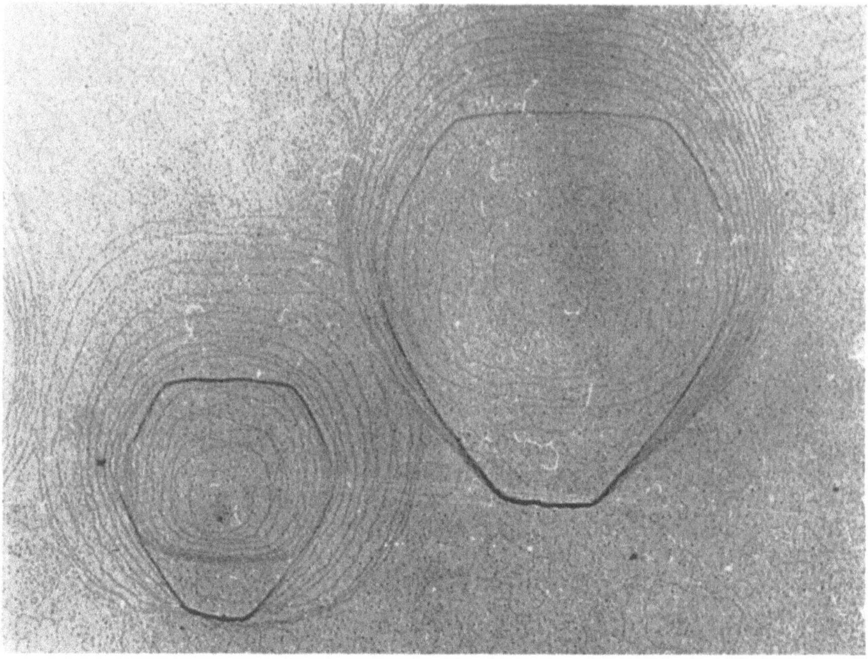

Abb. 82. Dekoriertes Ätzrelief in Lepidolith (41 000fach, HF-Ätzung). In der linken Ätzgrube sind gut ausgebildete herzförmige Lösungsfiguren der Einzelschichten alternierend um 60° verschwenkt

methode auf Einheitlichkeit der Orientierung der asymmetrischen Ätzgruben untersucht werden, damit nicht schon durch die oberflächennahen Kristallbereiche eine Symmetrieebene durch Mittelbildung vorgetäuscht werden kann. Da links- und rechtshändige Strukturen bei gleicher Orientierung von a und c auch in übereinanderliegenden Schichten auftreten können (Abb. 81), wäre der Kristall nach den zur Strukturanalyse erforderlichen Aufnahmen von Röntgeninterferenzen Schicht für Schicht abzutragen und zu ätzen. Dabei wäre festzustellen, ob eine und welche der beiden enantiomorphen Strukturen im Kristall überwiegt, bzw. inwieweit der Kristall noch als Einkristall angesehen werden kann. Erst nach einer solchen Nachuntersuchung ist von einer röntgenographischen Strukturanalyse eine richtige Beschreibung des Kationengitters der Lithionglimmer zu erwarten.

Die Feinstruktur der Ätzgruben in $2M_2$-Lepidolith läßt eine alternierende Verschwenkung von herzförmigen Lösungsfiguren der Einzelschichten erkennen (Abb. 82). Nach einigen Schichtdicken ist jedoch durch die Bildung von Vizinalflächen die Verschwenkung nur noch an den Verzweigungen erkennbar. Die schematische Darstellung in Abb. 83 gibt die beiden Grenzfälle der Feinstruktur wieder, wie sie in den Präparaten auftraten.

Daraus resultiert eine Ätzgrubenform, die auch bei langandauernder Ätzung ihre typischen Merkmale beibehält (Abb. 84). Es bietet sich damit eine einfache Möglichkeit, Lepidolithe mit Hilfe der lichtmikroskopisch sichtbaren Ätzfiguren nach 1M-

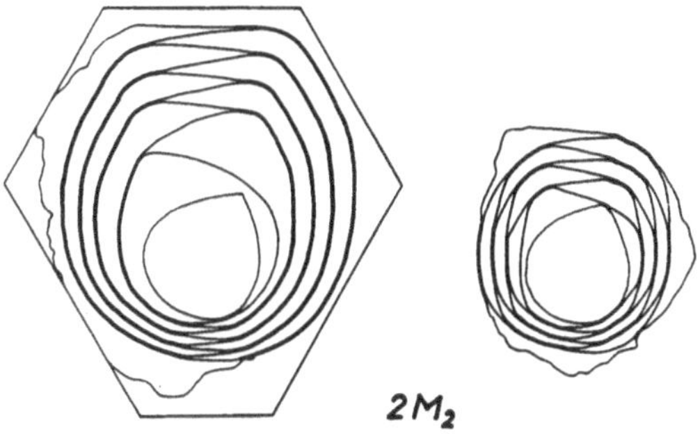

Abb. 83. Schematische Darstellung der Feinstruktur von Ätzgruben in $2M_2$-Lepidolith

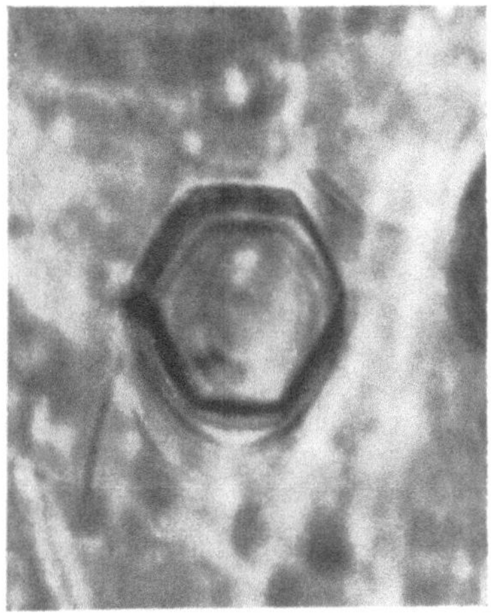

Abb. 84. Typische Ätzgrube in $2M_2$-Lepidolith (1000fach, HF-Ätzung)

und $2M_2$-Struktur zu unterscheiden und sie auf Einheitlichkeit der Schichtstruktur und deren Orientierung untersuchen zu können. Während bei den durch die Ätzfiguren als 1M-Lepidolith ausgewiesenen Kristallen gute Kristallqualität vorlag, war das bei dem Lepidolith mit $2M_2$-Struktur (Tab. 5, Nr. *11*) nicht der Fall. Es traten auch Ätzgruben auf, die nicht längs einer Leitlinie, sondern wie die entsprechenden bei 3T-Muskovit längs einer zweidimensionalen Störung des Gitters entstanden waren. Wenn auch beim $2M_2$-Lepidolith wie bei den anderen Glimmern die Lösungsfigur der Einzelschicht im Anfangsstadium nicht sehr gut ausgebildet ist, so scheint doch aus der Vielzahl der untersuchten Feinstrukturen hervorzugehen, daß ein $2M_2$-Lepidolith nur entsteht, wenn die Lösungsfigur der Einzelschicht herzförmig und streng spiegelsymmetrisch ist. Nach dem oben Gesagten bedeutet das aber eine symmetrische Verteilung von Al und Li in der Einzelschicht mit der Symmetrie m. Da aber in der Moleküleinheit keine Symmetrie m möglich ist, kann die Gleichverteilung von *B*- und *C*-Lagen nur über eine Homogenisierung ganzer Kristallbereiche erreicht werden. Das würde aber bedeuten, daß die physikalischen Bedingungen auf die Ausbildung der Schichtstruktur einen wesentlichen Einfluß ausüben. Hierfür spricht auch die mit Hilfe der Feinstruktur des Ätzreliefs nachgewiesene Kristallgüte von Lepidolith mit 3T-Struktur. Diese Struktur scheint sich bei geeigneten physikalischen Bedingungen stets einzustellen, sobald der Li-Gehalt ein Verhältnis der Kationen mit oktaedrischer Koordination Al:Li von nahezu 1:2 ermöglicht. Die durch drei Teilschritte der um 120° sich ändernden Orientierung der Einzelschichten gekennzeichnete Stapelfolge hat wegen der Ätzanisotopie der Einzelschichten unabhängig von der Art der Ätzung (Ätzkali, Ätznatron, Flußsäure und Flußsäuredampf) eine Ätzfigur nach dem in Abb. 85 dargestellten Schema zur Folge, welches in allen Feinstrukturen der Ätzgruben in 3T-Lepidolith identifiziert werden konnte. Charakteristisch sind die drei Reihen von Verzweigungen der Terrassenstufen mit ihren abwechselnden Stufenhöhen von einer und von zwei Schichtdicken. Die „Dreieckseiten" in der Feinstruktur sind drei Schichtdicken hoch. Das Ätzrelief ist aus in sich ge-

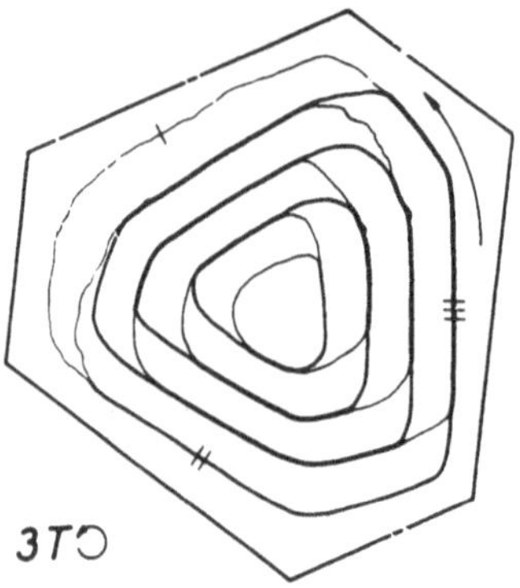

Abb. 85. Schematische Darstellung der Feinstruktur von Ätzgruben in 3T-Lepidolith

schlossenen Terrassenstufen der Einzelschichten aufgebaut zu denken. Die Unterschiede zwischen der Flußsäure-Ätzung und der Alkalihydroxid-Ätzung machen sich nur in der Ausbildung der „Dreieckseiten" bemerkbar. Bei der ersteren haben sie die Form einer nach zwei Drittel abgeknickten Geraden, während sie bei der letzteren eine gleichmäßige geringe Krümmung aufweisen. Zur Darstellung des Ätzgrubengrundes eignet sich mehr die letztere. Dafür sind bei ihr die Dreieckseiten meist nicht glatt ausgebildet. Bei beiden Ätzungen verbleibt gewöhnlich das obere Drittel der dreischichtigen Terrassenstufen nicht in der neuentstandenen „Fläche", so daß es besonders bei der Alkalihydroxid-Ätzung einiger Übung bedarf, um die 3T-Struktur aus der Feinstruktur zu erkennen (Abb. 86). Die große Lochkeimbildungsgeschwindigkeit hat auch häufig, wie schon bei den anderen Lepidolithen, mehr als einen Lochkeim im Grund der Ätzgruben zur Folge (Abb. 86 b). Die tiefen, isolierten Ätzgruben entstehen wie die in den anderen Glimmern nicht notwendig längs einer Leitlinie und auch im allgemeinen nicht mit konstanter Lochkeimbildungsgeschwindigkeit. Gelegentlich tritt bei diesen eine schichtpaketweise einseitig versetzte Fortsetzung des Tiefenwachstums in Richtung und Betrag einheitlich über mm^2 große Kristallbereiche auf. In Abb. 87 ist die Feinstruktur einer mit HF-Ätzung erzielten

Abb. 86. a

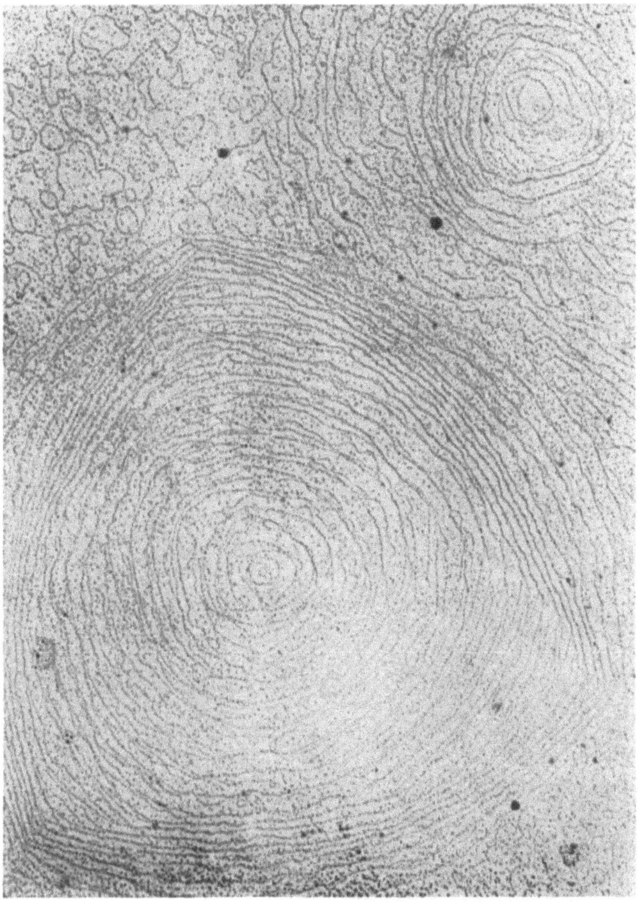

Abb. 86. b

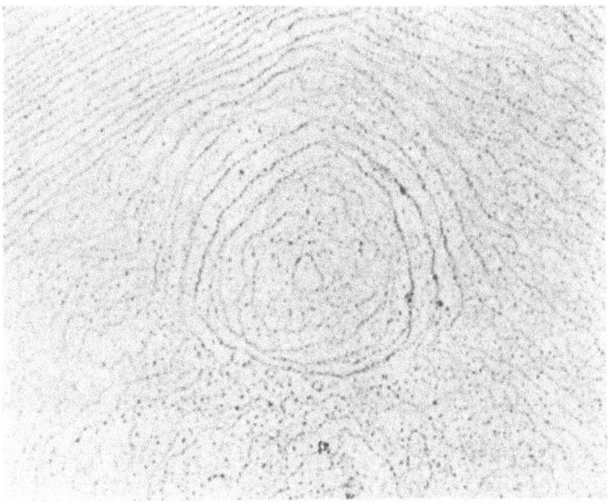

Abb. 86. Dekorierte Feinstruktur von Ätzgruben in 3T-Lepidolith (45 000fach, KOH-Ätzung)

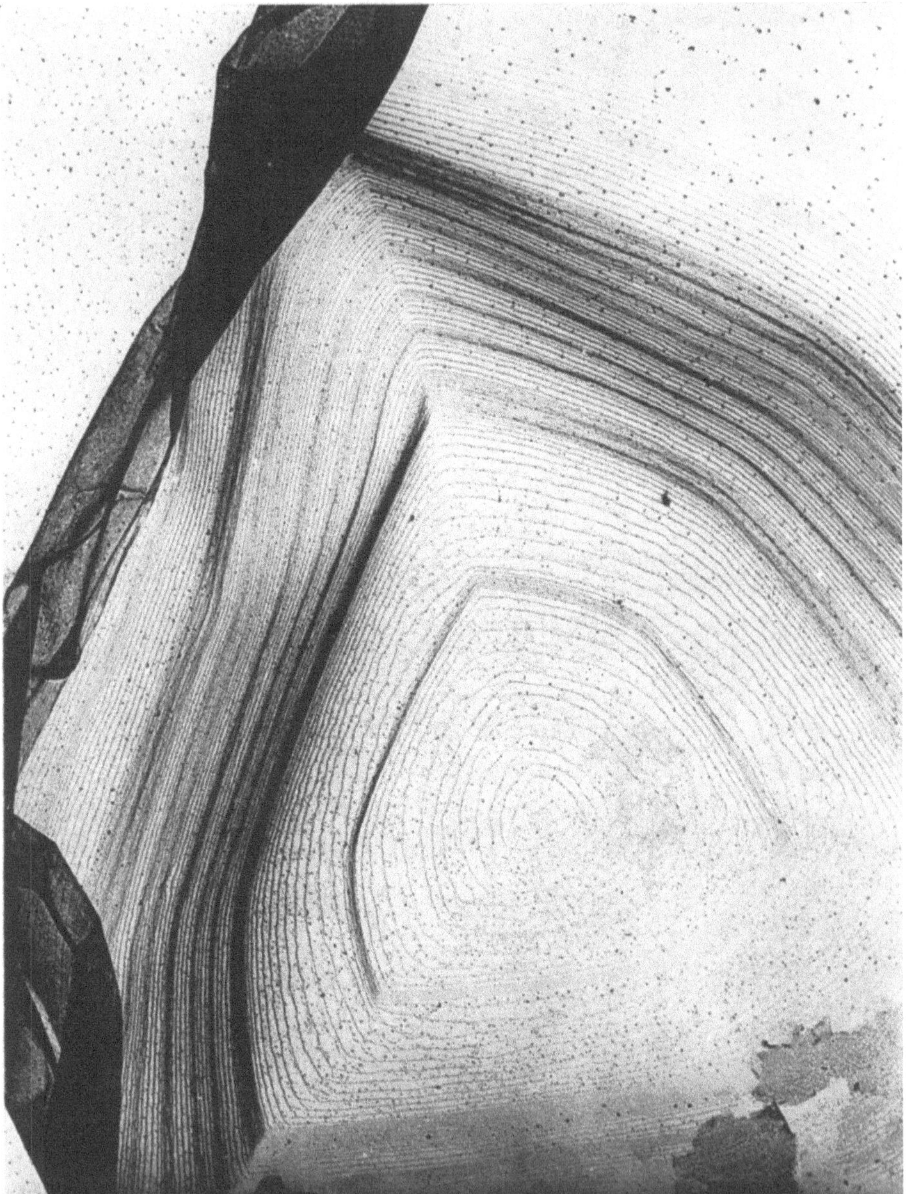

Abb. 87. Ätzgrube mit konzentrischen Stufen in 3T-Lepidolith (22000fach, HF-Ätzung)

Abb. 88. Ätzgrube mit teils konzentrischen, teils exzentrischen Stufen in 3T-Lepidolith (17 000-fach, HF-Ätzung)

isolierten, tiefen Ätzgrube dargestellt. Die „Haltezeiten", in dreischichtigen Stufen von innen nach außen gezählt, betragen etwa: 13, 13, 1, 6, 4, 4, 4, 4, die Anzahl der dazwischen an Leitlinien in die Tiefe geätzten dreischichtigen Stufen etwa: 6, 6, 6, 5, 4, 5, 4, 4, usw. Das zentralsymmetrische Tiefenwachstum während der „Haltezeiten" ist auf die bereits weiter oben erläuterte Eigengesetzlichkeit der Ätzung zurückzuführen. Die so durchätzten Schichten waren im Zentrum der Ätzgrube nicht notwendig chemisch oder strukturell besonders ausgezeichnet. Die Leitlinienabschnitte sind dagegen Inhomogenitäten im Gitter und sicher während des Kristallwachstums entstanden. Es bleibt die Frage offen, ob die Leitlinienabschnitte als Stufenversetzungslinie durch die homogene Schicht von bis zu 400 Å hindurch wieder den Einbau einer Stufenversetzung auslösen. Die Auslösung einer Schraubenversetzung findet gewiß nicht statt, da in über 600 elektronenmikroskopischen Aufnahmen von dekorierten Feinstrukturen des Ätzreliefs der verschiedenen ein- und mehrschichtigen Glimmer nur in sich geschlossene Terrassenstufen oder solche Feinstrukturen gefunden wurden, die durch Kombination von Lösungsfiguren der Einzelschichten mit in sich geschlossenem Linienzug erklärt werden konnten. Weder im Grund von Ätzgruben noch anderswo traten Spiralformen von Terrassenstufen auf. Es scheint daher nur möglich, daß die Zentren tiefer, isolierter Ätzgruben beim Wachstum des Kristalls Zentren von Wachstumshügeln waren und Entmischungs- oder Unterkühlungsvorgänge, je nach Entstehung der Glimmer, an diesen Stellen Inhomogenitäten im Gitter entstehen ließen.

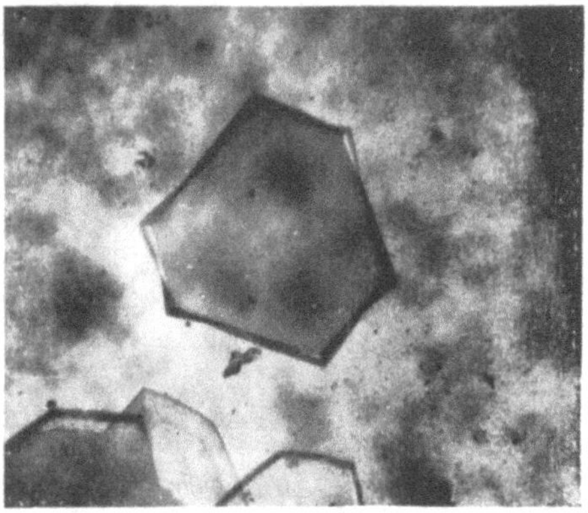

Abb. 89. Ätzpore in 3T-Lepidolith (120-fach, HF-Ätzung)

Die in Abb. 88 gezeigte Ätzgrube weist ebenfalls „Haltepunkte" im Tiefenwachstum auf. Der große Unterschied zwischen der Lochkeimbildungsgeschwindigkeit längs einer Leitlinie und der in einer scheinbar molekular glatten Fläche ist hier besonders auffällig.

Die mit HF-Dampf erzeugten Ätzgruben in 3T-Lepidolith lassen auch ohne Auflösung einer Feinstruktur an ihrer äußeren Form den Windungssinn der Schichtstapelung erkennen. Das ermöglicht auch bei diesem Glimmer eine einfache lichtmikroskopische Untersuchung von Kristallen auf Einheitlichkeit der Schichtstruktur und deren Orientierung und Windungssinn. Die von den zwei entgegengesetzten Oberflächen eines Kristalls längs einer senkrecht dazu verlaufenden Leitlinie aufeinanderzuwachsenden Ätzgruben (Abb. 89) haben die Symmetrie 32. Bei der wechselseitigen Durchdringung ändert sich die Tracht der Ätzpore durch das Auftreten von Prismenflächen. Oft haben Teile von einfachen Ätzgruben als Endform der Lösung die Symmetrie 3m (Abb. 90). Man kann diese Ätzgruben von den Durchdringungsformen bei 1M-Lepidolith durch einen stets vorhandenen Anteil mit der Symmetrie 3 unterscheiden (Abb. 91).

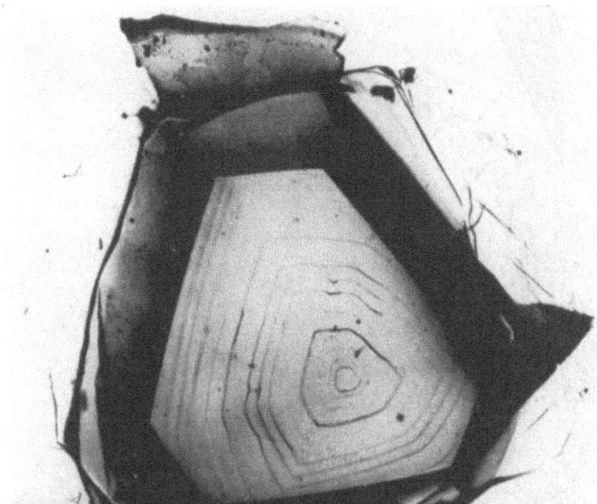

Abb. 90. Endkörper der Lösung mit der Symmetrie 3m in 3T-Lepidolith (5000-fach, HF-Ätzung)

Zinnwaldit

Die Feinstruktur der flachen Ätzgruben in Zinnwaldit ist der Feinstruktur der Ätzgruben in Lepidolith sehr ähnlich (Abb. 92). Alle Terrassenstufen sind in sich geschlossen. Auch wird die der Spitze gegenüberliegende Seite zuerst begradigt.

Die Alkalihydroxid-Ätzung liefert gegenüber der Flußsäure-Ätzung mehr gerundete Formen. In bezug auf die Ebene (010) treten wie beim 1M-Lepidolith zwei enantiomorphe Formen auf. An der konzentrischen Anordnung der asymmetrisch ausgebildeten Terrassenstufen erkennt man die 1M-Struktur. Sie hat eine typische, auch lichtmikroskopisch identifizierbare Ätzgrubenform zur Folge (Abb. 93). Im Unterschied zum Lepidolith wird schräg gegenüber der Spitze eine zweite sehr früh ausgebildet, die als ein Unterscheidungsmerkmal zwischen Lepidolith und Zinnwaldit anzusehen ist. Durchwachsungen von beiden Glimmermineralen sind dadurch mit

Hilfe der Ätzmethode auch im Mikroskopischen leicht nachzuweisen. Beim Zinnwaldit sind wie beim Lepidolith die Gitter der durch enantiomorphe Ätzgruben ausgewiesenen Bereiche eines Kristalls als verschieden aufzufassen. In Abb. 94 wird nun eine Feinstruktur einer Ätzgrube gezeigt, bei der die Schichtstapelung zu Zwillingsbildungen führt, die nach den bisher für Glimmer formulierten Zwillingsgesetzen

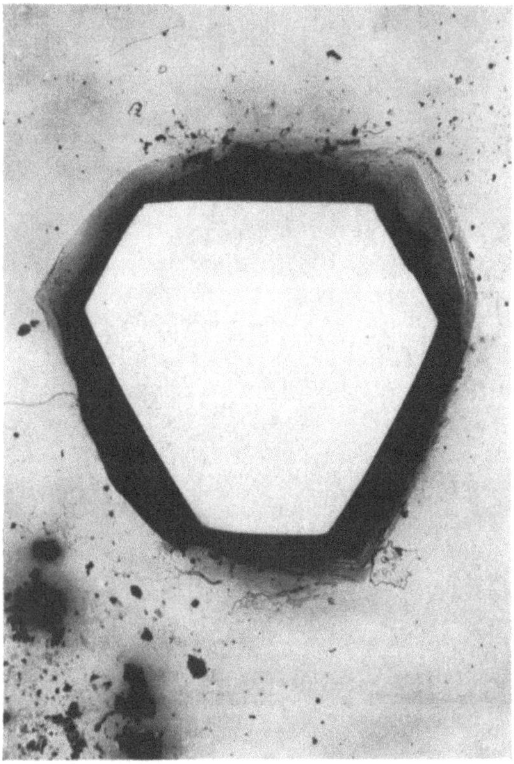

Abb. 91. a

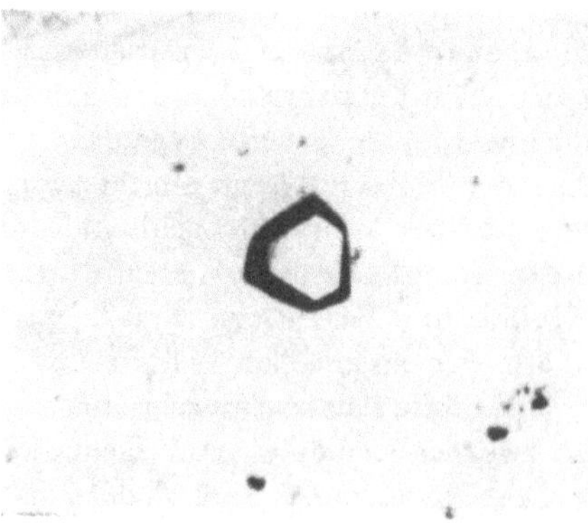

Abb. 91. b

Abb. 91. Ätzporen mit flachem Anteil in 3T-Lepidolith (HF-Ätzung). a) 4200fach, b) 250fach

nicht erzeugt werden können. Die Schichten in Zwillingsstellung haben ein zur Ebene (33$\bar{1}$) spiegelbildliches Gitter. Ihre Verwachsungsebene ist (001). Diese Zwillingsbildung nach (33$\bar{1}$) konnte am Zinnwaldit an Hand der Feinstruktur mehrfach nachgewiesen werden.

Abb. 92. Dekorierte Feinstruktur einer Ätzgrube in Zinnwaldit (35 000fach, HF-Ätzung)

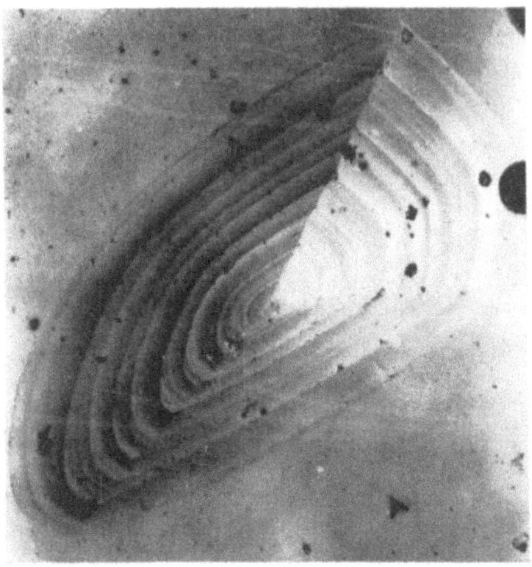

Abb. 93. a

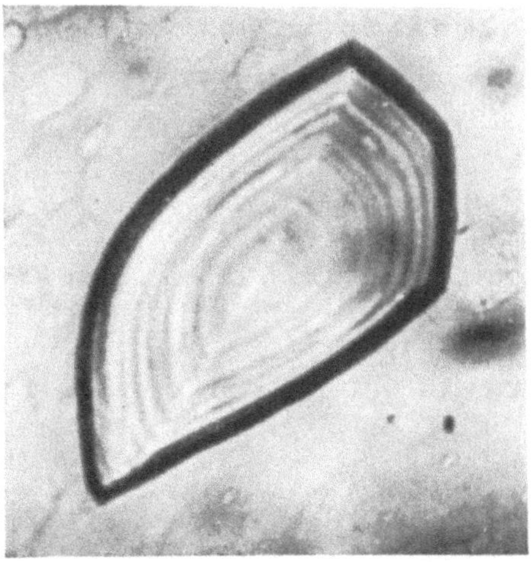

Abb. 93. b

Abb. 93. Ätzgruben in Zinnwaldit (HF-Ätzung). a) 4300fach, Pt-C-Schrägabdruck, b) 750fach

Xanthophyllit

Als trioktaedrischer Glimmer wird Xanthophyllit meist der Biotitreihe zugeordnet, obwohl er wegen seines Ca-Zwischenschicht-Ions wie der dioktaedrische Margarit ein sogenannter Sprödglimmer ist. Die Ätzfiguren sind denen der Biotite ähnlich. In Abb. 95 wird eine Ätzgrubenreihe gezeigt, bei der sich nur die oben im Bild liegende

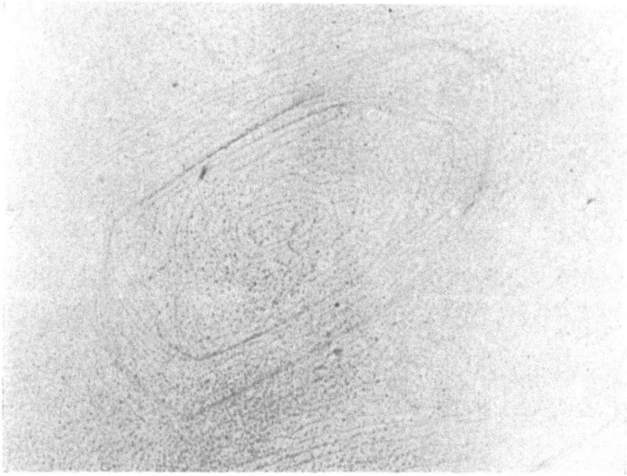

Abb. 94. Dekorierte Feinstruktur des Ätzreliefs von nach (33$\bar{1}$) verzwillingtem Zinnwaldit (34000fach, HF-Ätzung)

Ätzgrube mit ihren zahlreichen „Haltepunkten" bis zur Spaltfläche hin verfolgen läßt. Die anderen fünf Ätzgruben im Grund haben keine durchgehende Leitlinie bzw. Gruppen von Leitlinien gehabt. Sie verdanken ihre Entstehung der Anätzung erst in gewisser Tiefe beginnender Leitlinien. Im Gegensatz zu dem „grabenförmigen" Ätzrelief (Abb. 59) hat man es hier mit einer vorgegebenen Gruppierung von Störungen in einer Ebene verschieden von (001) zu tun.

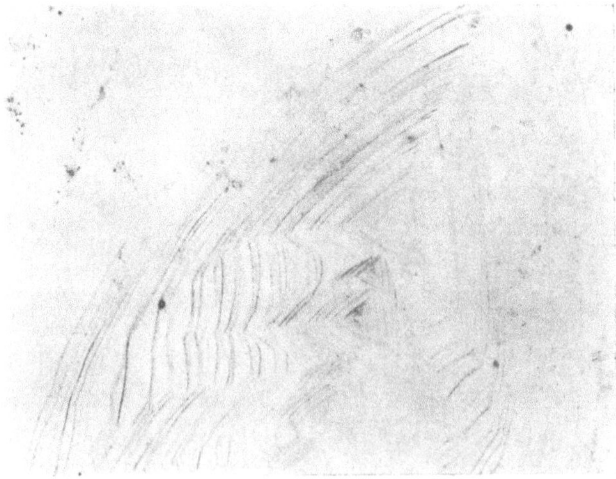

Abb. 95. Ätzgrubenreihe längs zweidimensional angeordneter Leitlinienabschnitte wechselnder Tiefe in Xanthophyllit (15000fach, HF-Ätzung)

Auch beim Xanthophyllit konnte die Schichtstruktur mit Hilfe der Ätzmethode verifiziert werden. Die für die Alkalihydroxid-Ätzung charakteristische Lösungsfigur der Einzelschicht ist in Abb. 96 nachgezeichnet. Von innen nach außen gezählt, sind die einzelnen Terrassenstufen im Uhrzeigersinn jedesmal um 120° verschwenkt, was durch die Markierungen *A, B, C, A', B'* hervorgehoben wurde. Diese 3T-Struktur ist jedoch auf einen Mikrobereich beschränkt. Es wechseln in diesem Glimmer Be-

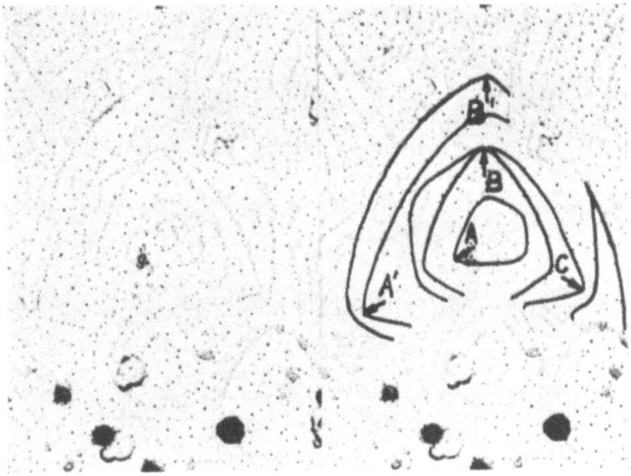

Abb. 96. Dekorierte Feinstruktur von flachen Ätzgruben in Xanthophyllit (25 000-fach, KOH-Ätzung)

reiche mit 1M-Struktur in Bereiche mit 3T-Struktur von beiderlei Windungssinn über und umgekehrt, ohne daß die Grenzen dieser Bereiche etwa wie Korngrenzen (Abb. 77) markiert wären. Das liegt vor allem an der nur wenige Schichtdicken betragenden Ausdehnung der Bereiche mit einheitlicher Struktur. Zum Teil liegen diese, wie man an den Stufen zwischen den Ätzgruben abzählen kann, in verschiedenen Schichtdickebereichen, zum Teil ist die „Korngrenze" noch von darüberliegenden Schichten bedeckt, oder sie ist im Ätzrelief bereits wieder von in darunter gelegene Schichten reichenden Ätzgruben durchsetzt und dadurch nicht ausgeprägt.

Abschließende Diskussion

Die große Zahl der im Verlauf dieser Arbeit an den verschiedenen Glimmermineralen mit unterschiedlichen Schichtstrukturen angestellten Ätzversuche läßt eine über die im voranstehenden Abschnitt gewählte Form der Darstellung hinausgehende zusammenfassende Darstellung der Ätzresultate sowie bestimmte Schlußfolgerungen und Verallgemeinerungen zu:

Die Anätzung einer molekular glatten Glimmerspaltfläche beginnt mit der Bildung eines Lochkeimes von der Tiefe einer Glimmerschicht. Durch den mit der Ätzung fortschreitenden Rand des Lochkeimes entsteht in Abhängigkeit vom Ätzmittel eine für jeden Glimmer charakteristische zweidimensionale Lösungsfigur der Einzelschicht. Ihre Symmetrie spiegelt die Symmetrie der Oktaedermittenbesetzung durch Kationen wider. Alle Lösungsfiguren streben einer Endfigur mit Dreiecksform zu. Durch das sich notwendig einstellende „Konzentrationsgefälle" des Ätzmittels normal zur Glimmeroberfläche vor dem sich zu einer Lösungsfigur ausweitenden Rand des Lochkeimes bilden die beiden Tetraederschichten eine „Randfläche" aus, die mit der molekular glatten Oberfläche des Glimmers einen stumpfen Winkel bildet. Da die obere Tetraederschicht gegen die untere immer um a/3 verschoben ist, haben die Lösungsfiguren im allgemeinen höchstens eine Spiegelsymmetrie. Die Ätzgeschwindigkeit innerhalb einer Schicht ist bei gleicher Wertigkeit der Kationen mit oktaedrischer Koordination von deren Ionenradius abhängig. Daraus folgt ein glatter Kurvenverlauf der Lösungsfigur für Endglieder und für Glimmer aus einer Mischungsreihe, wenn diese eine homogenisierte Verteilung chemisch verschiedener Kationen gleicher Wertigkeit in den Oktaederschichten aufweisen. Liegt eine inhomogene Verteilung dieser Kationen vor, dann sind die Lösungsfiguren zweidimensional aufgerauht.

Die Bildung von Lochkeimen hat eine Aufrauhung der molekular glatten Glimmeroberfläche durch flache Ätzgruben zur Folge, deren Tiefe bei den einzelnen Glimmern verschieden ist. Sie geht bei den synthetischen Fluorophlogopiten bis auf eine Schichtdicke zurück. Für die ungestörte Ausbildung von Lösungsfiguren der Einzelschicht ist daher eine entsprechend kleine Lochkeimbildungsgeschwindigkeit hinreichend. Hat sich innerhalb einer Lösungsfigur wieder eine molekular glatte Fläche ausgebildet, so entsteht bei Überschreiten eines bestimmten Wertes des kleinsten Durchmessers dieser Fläche in ihr ein neuer Lochkeim.

Im Fall der 1M-Struktur sind die Lösungsfiguren konzentrisch. Sie können sich auch bei relativ großer Oberflächenrauhigkeit, d. h. bei relativ großer Lochkeimbildungsgeschwindigkeit, ungestört von im Ätzrelief bereits vorhandenen Lösungsfiguren ausbilden. Bei überhöhter Lochkeimbildungsgeschwindigkeit setzen sich die Lösungsfiguren von mehreren Lochkeimen zu einer gemeinsamen zusammen, so daß diese zunächst zweidimensional aufgerauht ist. Sie glättet aber ihren Verlauf, sofern nicht eine inhomogene Kationenverteilung weiterhin aufrauhend wirkt (s. o.), wenn die Breite der immer schmaler werdenden Terrassenstufen zwischen zwei konzentrischen Lösungsfiguren zu klein wird, um die Entstehung von neuen Lochkeimen zuzulassen.

1M-Strukturen wurden nur bei trioktaedrischen Glimmern beobachtet. Nach HF-Ätzung waren die Lösungsfiguren im Phlogopit gleichschenklige Dreiecke, bei denen die Basis kürzer war als die beiden anderen Seiten. Beim Biotit von Miask (1M-Struktur) waren die Lösungsfiguren der Einzelschichten in verschiedenen Kristallbereichen verschieden. In der Mehrzahl waren sie gleichseitige Dreiecke, aber es kamen auch gleichschenklige wie beim Phlogopit vor. Die Alkalihydroxid-Ätzung liefert dagegen eine Lösungsfigur, die beim Phlogopit ein mehr breites als hohes und bei dem Lepidomelan aus Brevig (Tab. 4, Nr. *22*) ein mehr hohes als breites gerundetes Dreieck ist. Es wird angenommen, daß diese Tendenz zur Ausbildung spezieller Dreiecksformen als Lösungsfigur innerhalb der Biotitreihe allgemeingültig ist und qualitative Aussagen über den Mg-Gehalt zuläßt. Zumindest ist aus Symmetriegründen anzunehmen, daß bei den 1M-Biotiten das in der symmetrischen Stellung zu denkende Mg-Ion durch ein Fe^{2+}- bzw. Mn^{2+}-Ion ersetzt ist.

Bei konzentrischen asymmetrischen Lösungsfiguren liegt im allgemeinen eine asymmetrische Verteilung von Kationen verschiedener Wertigkeit in der Oktaederschicht vor. Die b-Achse wird zur polaren Achse. Typische Vertreter sind 1M-Lepidolith und -Zinnwaldit. Die über makroskopisch weite Bereiche gleiche Orientierung solcher asymmetrischer Lösungsfiguren weist diese Kristallbereiche als Einkristalle mit der Symmetrie C 2 aus. Bei den eisenfreien Lepidolithen ist der dritte Kationenplatz z. T. eine Leerstelle. Die Übergänge von der links- zur rechtshändigen Form der Lösungsfiguren der Einzelschicht sind nicht durch eine „Korngrenze" markiert. Sie erfolgen über wenige µm hinweg kontinuierlich. Im Übergangsbereich entstehen dadurch auch spiegelsymmetrische Lösungsfiguren.

Wie bei den 1M-Strukturen treten in den Mehrschichtstrukturen nach wiederholter Lochkeimbildung die Lösungsfiguren der Einzelschichten auf. Die Schichten verhalten sich wie weitgehend selbständige Kristalleinheiten. Die Orientierung der Lösungsfiguren wechselt mit der Orientierung der Einzelschichten. Ist die Lösungsfigur ein gleichseitiges Dreieck, dann entstehen auch bei einer Mehrschichtstruktur nur ineinandergestellte gleichseitige Dreiecke mit gleicher Orientierung. Zur Bestimmung der Schichtzähligkeit dient dann die Feinstruktur der flachen Ätzhügel. In allen anderen Fällen ist die Schichtstruktur bereits aus dem Orientierungswechsel der Lösungsfiguren herauszulesen. Durch die Anisotropie der Ätzgeschwindigkeit holen im Verlauf der Ätzung Teile von später entstandenen Lösungsfiguren in der darüberliegenden Schicht vorher entstandene ein und bilden streckenweise mit diesen eine gemeinsame Lösungsfigur. Dabei wird die Ätzgeschwindigkeit der tiefer gelegenen Stufe stets auf die der höher gelegenen herabgesetzt, mit der sie zusammenfällt. Die Höhe der gemeinsam gebildeten Stufen setzt sich aus den Höhen der einzelnen Stufen zusammen. Entsprechend höhere Stufen entstehen, wenn drei oder mehr Lösungsfiguren zusammenfallen.

Die zusammengesetzten Lösungsfiguren weisen Verzweigungen auf, welche für die einzelnen Schichtstrukturen charakteristisch sind. Sie haben im übertragenen Sinn eine Tracht. Enthalten sie 4 Reihen von Verzweigungen, liegt eine $2M_1$-Struktur, enthalten sie 2 bzw. 6 Reihen von Verzweigungen, liegt eine $2M_2$-Struktur vor. Die Stufenhöhen der Verzweigungen sind gleich und nur eine Schichtdicke hoch. Enthalten die zusammengesetzten Lösungsfiguren 3 Reihen von Verzweigungen mit abwechselnd zweischichtig und einschichtig hohen Stufen, dann liegt eine 3T-Struktur vor.

Der Habitus der zusammengesetzten Lösungsfiguren bzw. der Feinstruktur der Ätzgruben hängt vom Ätzmittel und von dem betreffenden Glimmermineral ab. Aus der Kenntnis dieser Feinstrukturen heraus gelingt auch die Identifizierung von höheren Schichtstrukturen.

In den Feinstrukturen spiegeln sich die gesetzmäßigen Verwachsungen der Glimmereinzelschichten wider, die zu den Mehrschichtstrukturen führen. An Zinnwaldit konnten so gesetzmäßige Verwachsungen von Einzelschichten und von Schichtpaketen mit 1M-Struktur nach der Zwillingsebene $(33\bar{1})$ festgestellt werden. Bei Margarit ist sie, der Feinstruktur der Ätzgruben nach zu urteilen, ebenfalls realisiert. Die Lösungsfigur der Einzelschichten und von Schichtpaketen mit 1M-Struktur ist sogar auffälliger asymmetrisch als die von *Takéuchi* (1964) bei der „röntgenographischen Verfeinerung der Struktur" gefundenen Abweichungen der Atomlagen von den idealisierten, symmetrischen, welche die $2M_1$-Struktur des Margarit mit der Zwillingsachse [310] zu „erzeugen" gestatten. Bei Lepidolith scheint die Zwillingsebene $(33\bar{1})$ formal genau so möglich zu sein, ist aber noch nicht realisiert gefunden worden.

Außer flachen Ätzgruben, welche durch spontane Lochkeimbildung entstehen und welche die molekular glatte Oberfläche der Glimmer aufrauhen, entstehen auch Ätzgruben an ein- und zweidimensionalen Störungen der Glimmerstruktur. Die Feinstruktur längs eindimensionaler Störungen in die Tiefe gewachsener Ätzgruben unterscheidet sich in Tracht und Habitus nicht von der der flachen Ätzgruben. Bei den an zweidimensionalen Störungen entstehenden Ätzgruben entspricht dem Lochkeim ein Rißkeim ebenfalls von der Tiefe einer Glimmerschicht. Die Stufenbreiten in der Feinstruktur sind in derselben Größenordnung wie die in den zentralsymmetrischen Feinstrukturen bei den gewöhnlichen Ätzgruben. Aus diesem Grund, und weil ein zweidimensionales Analogon zu Ätzkanälen ausbleibt, sind Risse, welche mehrere Schichten des Glimmers durchsetzen, als Ursache für das Entstehen solcher Ätzgruben auszuschließen. Eine spontane Rißkeimbildung scheidet aus, weil der Ausbildung der Feinstruktur in keinem Fall der Charakter des Zufälligen anhaftete. Ohne noch weitere chemisch-strukturell mögliche Störungen zu diskutieren, kann gesagt werden, daß die zweidimensionalen Störungen auf mechanische Deformationen und dabei entstandene, nicht ausgeheilte Störungen des Gitters zurückzuführen sind.

Eine freitragende Einzelschicht hat eine Lösungsfigur höherer Symmetrie als eine, welche sich mit den darunterliegenden im Kristallverband befindet. Ihre beiden Tetraederschichten sind gegenüber dem Ätzmittel gleichwertig. Dieser Fall tritt auf, wenn sich in einer Ätzgrube ein Schichtpaket abzuheben beginnt. Die in dem sich abhebenden Paket unten liegende Schicht ist über die Stufenbreite bis zum Beginn der nächsten, ihr aufliegenden Schicht als Einzelschicht freitragend. Bei trioktaedrischen Glimmern wird mit der Ausbildung von Teilen eines regelmäßigen Sechsecks in einstufigen Lösungsfiguren der flachen Ätzgruben ein solcher Fall angezeigt.

An den sich von den beiden Seiten eines Glimmerblättchens wechselseitig durchdringenden Ätzgruben bilden sich, ausgelöst durch die höhere Symmetrie der Lösungsfigur freitragender Einzelschichten, Vizinalflächen in niedrig indizierten Zonen aus. Die Endkörper der Lösung solcher Ätzporen werden begrenzt von senkrecht zur Basisfläche stehenden Prismenflächen.

Werden bei tiefen Ätzgruben Vizinalflächen mit eigener, gegen die der Einzelstufen herabgesetzter Ätzgeschwindigkeit gebildet, dann ebnen sich diese im Verlauf der Ätzung ein mit der Tendenz, Flächen in niedrig indizierten Zonen auszubilden. Die von ebenen Flächen solcher Ätzgruben begrenzten Lösungskörper haben eine höhere, allenfalls gleiche Symmetrie wie die Feinstrukturen, aus denen sie hervorgehen.

Jede Feinstruktur einer Ätzgrube ist die mit höherer Auflösung gesehene makroskopische Form der Ätzgrube. Es bestehen deshalb zwischen der makroskopischen Form der Ätzgrube und der Schichtstruktur dieselben Beziehungen wie zwischen der Feinstruktur und der Schichtstruktur. Der Informationsgehalt der Feinstruktur war deshalb nur ein für allemal erforderlich, um diese parallel laufenden Beziehungen aufzustellen. Wo der Verzicht auf das Erkennen der Feinstruktur eine Mehrdeutigkeit zuläßt, kann das Konoskopbild zu Hilfe genommen werden. In Tab. 6 sind die Formen und die Symmetrie der Ätzfiguren von Ätzgruben und Ätzporen, die dazugehörigen Orientierungen der Ebene der optischen Achsen, die aus beiden Angaben zu schließende Schichtstruktur und die Reihe oder die Glimmergruppe, in welcher der durch sein Ätzverhalten charakteristische Glimmer steht, zusammengestellt.

An den Ätzgruben im Glimmer treten zwei Arten von schlauchförmigen Fortsätzen auf. Die erste sind Ätzkanäle der Kernbahnspuren von Spaltprodukten des im Glimmer gelösten Urans, an dem die Ätzgruben bei Alkalihydroxid-Ätzung in die Tiefe wachsen. Der Verlauf dieser schlauchförmigen Fortsätze ist gerade. Die zweite sind mit den Ätzgruben geätzte Anrisse von tiefergelegenen Glimmerschichten. Sie verlaufen meist gewunden innerhalb ein und derselben Tiefe.

Als Beitrag der Ätzmethode zur Lösung des Problems der Polymorphie der Schichtstrukturen sind die Resultate anzusehen, die bei den Zweischichtstrukturen $2M_1$ von Biotiten und $2M_2$ von Lepidolithen erzielt wurden. Die Lösungsfiguren der Einzelschichten waren ausnahmslos höhersymmetrisch als im allgemeinen Fall. Bei den Biotiten sind sie gleichseitige Dreiecke, bei den Lepidolithen haben sie eine symmetrische Herzform. An der Aufstellung einer entsprechenden Beziehung zwischen den Lösungsfiguren der Einzelschicht der dioktaedrischen Glimmer und der Schichtstruktur wird gearbeitet. Fest steht, daß der $2M_1$-Margarit asymmetrische Lösungsfiguren der Einzelschicht besitzt und daß es einen kontinuierlichen Übergang der Formen der asymmetrischen Lösungsfiguren von Margarit über Zinnwaldit zu Lepidolith gibt. Die große Regelmäßigkeit der Feinstruktur der Ätzgruben in 3T-Lepidolith und dessen Kristallqualität weisen gleichfalls auf einen Zusammenhang zwischen der Struktur der vorzugebenden Einzelschicht und der Schichtstruktur hin. Die in der Literatur mehrfach geäußerte und auf licht- und interferenzmikroskopische Untersuchungen gestützte Ansicht, daß die Existenz der verschiedenen Modifikatio-

Tabelle 6. Prototypen von Ätzfiguren in Glimmer (lichtmikroskopisch nach HF-Ätzung)

Ätzfigur	Symmetrie der Ätzfigur	Ebene der optischen Achsen	Schicht-struktur/	Glimmergr.
1eck (Tropfenform)	—	„Winkelhalbierende" der Ecke	1M	L
1eck (Tropfenform)	m	„Winkelhalbierende" der Ecke	1M	L
2eck	—	„Winkelhalbierende" der stumpfen Ecke	1M	Z
2eck	m	senkrecht zu m	$2M_1$	M
Oval	m	schief zu m	Tc	B
Oval (abgestumpft)	m	wie m	$2M_2$	L
3eck	—	schief zu den Seiten	1M	M
3eck	m	wie m	1M	B
3eck	3m	wie m	1M	B
3eck	3m	senkrecht zu m	$2M_1$	B
3eck	3	$2V_X = 0°$	3T	L
3eck	3m	$2V_X = 0°$	3T	B
3eck	3m	schief zu den Seiten	Tc	B
4eck	m	senkrecht zu m	$2M_1$	M
4eck	2m	parallel zu langer Diagonale	$2M_1$	M
Rechteck	2m	parallel zu den kurzen Kanten	$2M_1$	B
6eck	m	senkrecht zu m	$2M_1$	M
6eck	2	schief zu den Seiten	Tc	B
6eck	6m	schief zu den Seiten	Tc	B
6eck	2	parallel zu 2 kurzen Seiten	1M	L+Z
6eck	2m	senkrecht zu den kurzen Seiten	$2M_1$	M
6eck	2m	parallel zu den langen Seiten	1M	B
6eck	6m	parallel zu 2 Seiten	1M	B
6eck	6m	senkrecht zu 2 Seiten	$2M_1$	B
6eck	6m	$2V_X = 0°$	3T	M
6eck	3m	$2V_X = 0°$	3T	L
6eck	3m	parallel zu einer langen Seite	1M	L+Z

L = Lepidolithe Z = Zinnwaldite M = Muskovite B = Biotite

nen der Glimmerminerale auf das Spiralwachstum einer oder gleichzeitig mehrerer Schichten des Glimmers zurückzuführen sei, wird durch die Resultate der Ätzmethode nicht gestützt. In den über 600 elektronenmikroskopischen Aufnahmen von Feinstrukturen des Ätzreliefs ein- und mehrschichtiger Glimmer konnten alle Terrassenstufenstrukturen in den Ätzgruben durch Kombination von Lösungsfiguren mit geschlossenem Linienzug erklärt werden. Es wurden im Grund der Ätzgruben und auch sonst keine Spiralformen von Terrassenstufen festgestellt.

Die mit der Feinstruktur der Ätzgruben in Einheiten von 10 Å bzw. ganzzahligen Vielfachen davon meßbare Dicke von bei der Dehydrierung abgehobenen Schichtpaketen eröffnet eine Möglichkeit zur quantitativen Behandlung des Dehydrierungsproblems.

In ähnlicher Weise wird die durch Säureangriff erfolgende Bleichung der Glimmer einer quantitativen Behandlung zugänglich werden, wobei nicht nur die Bleichung schlechthin, sondern auch strukturelle Änderungen durch das Ätzrelief sichtbar werden.

Die angeätzten fission tracks, sowohl künstlich erzeugte als auch natürliche, können als quasipunktförmige Markierungen in den einzelnen Schichten zur quantitativen Behandlung von Plastizierungsprozessen benutzt werden.

Zusammenfassung

Die chemische Ätzung ist als kristallographische Untersuchungsmethode bereits vor mehr als 100 Jahren systematisch angewendet worden. Die lichtmikroskopisch untersuchten Ätzgruben dienten zur Bestimmung der Kristallsymmetrie. Daß die scheinbar regellose Verteilung der Ätzfiguren nicht auf äußere Ursachen zurückzuführen ist und daß die geätzten Stellen „gleichsam schwache Stellen im Kristallgebäude" darstellen, weiß man seit 70 Jahren. Nach der Entdeckung der Röntgenstrahlinterferenzen verlor die Ätzmethode als Methode zur Untersuchung der Kristallsymmetrie an Bedeutung. Das Auflösungsvermögen des Lichtmikroskopes sicherte ihr jedoch als Methode zur Untersuchung der Defektstruktur der Kristalle einen Platz neben den größere Kristallbereiche erfassende Interferenzmethoden. In den letzten Jahren wurden, bedingt durch das Interesse an detaillierten Kenntnissen über den Realbau der Kristalle, die kristallographischen und die kristallchemischen Untersuchungsmethoden immer mehr verfeinert. Insbesondere wurden Methoden zur Untersuchung von Mikrobereichen entwickelt. Wie die Ätzmethode zur Untersuchung von Mikrobereichen eingesetzt werden kann, wird in der vorliegenden Arbeit am Beispiel der Glimmerminerale erstmals gezeigt.

Um einen möglichst großen Teil des Informationsgehaltes, den das bis in die atomaren Abmessungen feinstrukturierte Ätzrelief enthält, durch Abbildung bei hoher Auflösung zugänglich zu machen, wurde die von *Bassett* (1958) zur Dekoration von Steinsalzoberflächen erarbeitete Methode zur Dekoration der chemisch geätzten Glimmeroberflächen angewandt.

Es konnte gezeigt werden, daß die laterale Auflösung im Routinebetrieb bei 100 Å, die Tiefenauflösung bei einer Glimmerschichtdicke bei 10 Å liegt. Diese Auflösung wird von keiner anderen Methode erreicht. Das dekorierte Ätzrelief bietet sich bei der elektronenmikroskopischen Abbildung als ein System von Linien dar, welche den Höhenschichtlinien in einer Landkarte gleichen. Sie zeigen als Lösungsfiguren die Lage der Ränder der durch chemische Ätzung aufgelösten einzelnen Glimmerschichten an. In Ätzgruben und an Ätzhügeln erkennt man dadurch einen terrassenförmigen Abbau, eine Feinstruktur. In dieser spiegelt sich die durch die Kristallanisotropie bedingte Ätzanisotropie wider. Da die Ätzanisotropie der einzelnen Schichten ihre Orientierung mit der der Schichten wechselt, werden mit der Feinstruktur des Ätzreliefs auch die Mehrschichtstrukturen der Glimmerminerale bis in submikroskopische Bereiche einer „Beobachtung" zugänglich gemacht. Es wurde gefunden, daß sich Mehrschichtstrukturen und Kristallanisotropie der einzelnen Glimmerschichten wechselseitig bedingen und daß die Mehrschichtstrukturen nicht einfach als Polytypie aufgefaßt werden dürfen.

Das Auftreten von Schraubenversetzungen, die ein Spiralwachstum von einzelnen oder von mehreren Glimmerschichten anzeigen würden, war nicht zu beobachten. Die Homogenität des Kationengitters einzelner Schichten äußerte sich im mehr oder weniger glatten Verlauf der Kurven in der Feinstruktur. Es wurden zwei Formen anomaler Ätzgruben mit schlauchförmigen Fortsätzen gefunden und gedeutet. Spezielle Anordnungen und Formen von Ätzkanälen wurden entdeckt und interpretiert.

Durch die Kenntnis der Feinstruktur aller Ätzgrubenformen konnten alle möglichen makroskopischen Ätzgrubenformen nach Prototypen eingeteilt werden, die dann für eine bestimmte Schichtstruktur charakteristisch sind. Bei den hochsymmetrischen Formen der Ätzfiguren ist gegebenenfalls das Konoskopbild zur Ermittlung der Schichtstruktur mit heranzuziehen. Da die Prototypen auch für einzelne Glimmerminerale charakteristisch sind, ist eine Bestimmung in einfacher Weise möglich, sofern der Glimmer nicht als homogenes Aggregat oder feindispers vorliegt.

In der vorliegenden Arbeit sind im Abschnitt „Neue Resultate ...“ an natürlichen und an synthetischen Glimmern aufgefundene Resultate der Ätzmethode in Form von Beispielen ausführlich dargestellt und mit Abbildungen der Ätzreliefs belegt. Die entwickelten strukturgeometrischen Modelle dienten zur Voraussage bestimmter Symmetrien der Lösungsfiguren in bezug auf die Kristallachsen. Die Resultate aller im Verlauf der Arbeit angestellten Ätzversuche wurden mit den sich daraus ergebenden Schlußfolgerungen und Verallgemeinerungen in einer abschließenden Diskussion zusammengefaßt. Der Arbeit vorangestellt ist eine historische Übersicht, in der über verstreut in der Literatur vorliegende Resultate der Ätzmethode an Kristallen der Glimmergruppe berichtet wird.

Literaturverzeichnis

Axelrod, J. M. und *Grimaldi, F. S.* (1949), Amer. Mineral. *34*, 559.

Bassett, G. A. (1958), Phil. Mag. 3, 1042.

Baumhauer, H. (1874), Sitz.ber. Akad. Mü. *4*, 245.

Baumhauer, H. (1875), Sitz.ber. Akad. Mü. *5*, 99.

Baumhauer, H. (1876), N. Jahrb. Min. Geol. Pal. p. 1.

Baumhauer, H. (1879), Z. Kryst. Min. 3, 113.

Baumhauer, H., Die Resultate der Ätzmethode in der krystallographischen Forschung, Leipzig 1894.

Baumhauer, H. (1901—1902), Eclogae geologicae helvetiae 7, 354.

Baumhauer, H. (1902), C. R. Soc. helv. Sci. nat. 85. Session p. 100.

Baumhauer, H. (1913), Z. Kryst. Min *51*, 344.

Bethge, H. und *Schmidt, V.* (1959), Z. Naturf. *14 a*, 307.

Bonfiglioli, G., Ferro, A., Mojoni, A. (1961), J. Appl. Phys. *32*, 2499.

Bradley, D. E. (1954), Brit. J. Appl. Phys. *5*, 65.

Brauer, K. H. (1965), Tagung „Tonminerale" in Greifswald, ref. in Ber. Dtsch. Ges. Geol. Wiss. Reihe B *11* (1966) 272.

Brauer, K. H. und *Simon, D.* (1966 a), IUC VII. Int. Kongr. in Moskau, ref. in Abstracts z. Kongr. A202/12.5.

Brauer, K. H. (1966 b), DAW Berlin Kolloquium „Probleme d. Oberflächendekoration von Kristallen" in Halle.

Brauer, K. H. (1967 a), 4th annual solid state physics conference, Manchester, Paper A4.1. The investigation of polytypism and real-structure of mica minerals by means of decoration technique.

Brauer, K. H. (1967 b), Tagung „Zu kristallogr. Problemen" in Berlin, Fachverb. Mineralogie DGGW.

Brauer, K. H. (1968), Tagung „Realstruktur und Kristalleigenschaften" in Berlin, Fachverb. Miner. DGGW (Ref. im Druck).

Burns, A. F. und *White, J. L.* (1963), J. paper No. 2023 Purdue University Agric. Exper. Station, Lafayette, Indiana, USA.

Cloos, P., Gastuche, M. S., Crogaert, M. (1960), Int. Geol. Congr. XXI Sess. Part XXIV Int. Comm. Study of Clays, Copenh. p. 35.

Courtney-Pratt, J. S. (1950), Research 3, 47.

Daniell, J. F. (1817), J. Sci. Arts (London) *1*, 24.

Delavault, R. (1942), C. R. hebd. (Paris) *215*, 582.

Delavault, R. (1943 a), Bull. Soc. française de Minéralogie *66*, 161.

Delavault, R. (1943 b), Bull. Soc. française de Minéralogie *66*, 507.

Delavault, R. (1944 a), C. R. hebd. (Paris) *218*, 158.
Delavault, R. (1944 b), C. R. hebd. (Paris) *218*, 673.
Desch, C. H. (1934), The Chemistry of Solids, Ithaca, New York, pp. 69.
Distler, G. I. und *Daryusina, S. A.* (1962), Kristallografiya 7, 266.
Donnay, G., Morimoto, N., Takeda, H., Donnay, J. D. H. (1964 a), Acta Cryst. *17*, 1369.
Donnay, G., Donnay, J. D. H., Takeda, H. (1964 b), Acta Cryst. *17*, 1374.
Ehrenreich Tröger, W. (1956), Optische Bestimmung der gesteinsbildenden Minerale, Stuttgart.
Faessler, A. (1942), Z. Krist. *104*, 81 und Habilitationsschrift, Halle.
Fleischer, R. L., Price, P. B., Walker, R. M. (1963), Rev. Sc. Instr. *34*, 510.
Foster, M. D. (1960), U.S. Geol. Survey Prof. Paper *354-E*, 137.
Franzini, M. und *Schiaffino, L.* (1964), Z. Krist. *119*, 297.
Friedel, G. (1896), Bull. Soc. française de Minéralogie *19*, 18.
Friedel, G. (1926), Leçons de Cristallographie, Paris.
Gastuche, M. C. (1963 a, b), Proc. Int. Clay Conf. Stockholm, p. 67 bzw. 77.
Gilman, J. J. und *Johnston, W. G.* (1956), J. Appl. Phys. 27, 1018.
Grailich, J. (1855), Jahrb. k. k. Geol. Reichsanst. (Wien) *6*, 411.
Gross, R. (1918), Abh. Sächs. Akad. Wiss. *35* (1920) 135, Heft IV (1918).
Güven, N. und *Burnham, C. W.* (1965/66), Annual Rep. Carnegie Inst. p. 290.
Hendricks, St. B. und *Jefferson, M. E.* (1939), Amer. Miner. *24*, 729.
Honess, A. P. (1927), The Nature, Origin and Interpretation of the Etch Figures on Crystals, New York.
v. Kobell, F. (1864), Geschichte der Mineralogie, München.
Koch, G. (1935), Chemie der Erde *9*, 453 und Dissertation, Halle.
Lee, D. E. (1958), Amer. Miner. *43*, 107.
Levinson, A. A. und *Heinrich, E. W.* (1954), Amer. Miner. *39*, 937.
Leydolt, F. (1855), Sitz.ber. Akad. Wiss. (Wien) *15*, 59.
Liebisch, T. (1896), Grundriß der Physikalischen Krystallographie, Leipzig, p. 165.
Mehl, W. und *Coutts, M. C.* (1963), J. Appl. Phys. *34*, 2120.
Mehmel, M. (1938), Chemie der Erde *11*, 307.
Pandya, N. S. und *Pandya, J. R.* (1959), Bull. Nat. Inst. Sci. India *14*, 148.
Patel, A. R. und *Ramanathan, S.* (1962 a), Acta Cryst. *15*, 860.
Patel, A. R. und *Ramanathan, S.* (1962 b), Amer. Miner. *47*, 1195.
Patel, A. R. und *Tolansky, S.* (1957), Proc. Roy. Soc. *A 243*, 33.
Pauling, L. (1930) Proc. Nat. Acad. Sci. U.S. *16*, 123.
Price, P. B. und *Walker, R. M.* (1962 a), Phys. Rev. Letters (USA) *8*, 217.
Price, P. B. und *Walker, R. M.* (1962 b), J. Appl. Phys. *33*, 3400.
Price, P. B. und *Walker, R. M.* (1962 c), J. Appl. Phys. *33*, 3407.
Price, P. B. und *Walker, R. M.* (1962 d), Nature (GB) *196*, 732.
Price, P. B. und *Walker, R. M.* (1963 a), Appl. Phys. Letters (USA) *2*, 23.
Price, P. B. und *Walker, R. M.* (1963 b), J. Geophys. Res. *68*, 4847.
Radoslovich, E. W. (1959), Nature *183*, 253.
Reusch, E. (1869 a, b), Pogg. Ann. *212*, 130 und 632.
Rexer, E. (1932), Z. Phys. *76*, 735.
Rinne, F. (1911), Ber. Sächs. Akad. Wiss. *63*, 441.
Romieu, M. und *Bloch, J.* (1965), C. R. hebd. (Paris) *260*, 4194.
Ross, M., Takeda, H., Wones, D. R. (1966), Science *151*, 191.
Roy, R. (1949), J. Amer. Ceram. Soc. *32*, 202.
Schmidt, B. (1882), Miner. Petrogr. Mitth. *4*, 1.

Schweigger, J. S. C. (1817), J. Chem. Phys. *19,* 38.
Siedentopf, H. (1905), Phys. Z. *6,* 855.
Silk, E. C. H. und *Barnes, R. S.* (1959), Phil. Mag. *4,* 970.
Smith, J. V. und *Yoder, H. S.* (1956), Miner. Mag. *31,* 209.
Steinfink, H. (1962), Amer. Miner. *47,* 886.
Strunz, H. (1957), Mineralogische Tabellen, Leipzig.
Svyagin, B. B. (1961), Kristallografiya *6,* 714.
Takeda, H. und *Donnay, J. D. H.* (1965), Progr. a. Abstr. Amer. Cryst. Assoc. winter meeting February 1965, Suffern, N.Y., p. 23.
Tolansky, S. (1943), Nature *152,* 722.
Tolansky, S. (1945), Proc. Roy. Soc. *A 184,* pp. 41 und 51.
Tolansky, S. (1946), Proc. Roy. Soc. *A 186,* 261.
Tschermak, G. (1875), Miner. Mitth. ges. v. G. Tschermak 1875 p. 309.
Tschermak, G. (1878), Z. Kryst. Miner. *2,* 14.
Weiss, A., Mehler, A., Hofmann, U. (1956), Z. Naturf. *11 b,* 435.
Yoder, H. S. und *Eugster, H. P.* (1955), Geochim. et cosmochim. acta *8,* 225.
Zschimmer, E. (1898), Dissertation, Jena.

Die vorliegende Arbeit wurde im Institut für experimentelle Physik der Martin-Luther-Universität Halle-Wittenberg durchgeführt. Meinem verehrten Lehrer, Herrn Professor Dr. *Messerschmidt,* möchte ich an dieser Stelle für die Unterstützung bei der Durchführung dieser Arbeit herzlich danken.

Für die Überlassung von Kristallmaterial danke ich den Herren Professoren *Hoppe* (Berlin), *Rösler* (Freiberg) und *Kleber* † (Berlin), Herrn Dr. *Gaedeke* (Halle) und Herrn Dr.-Ing. *Wiegmann* (Berlin), Frau Dr. *Bersina* (Moskau), den Herren Doktoren *Winter* (München), *Ross* (Washington), *Takéuchi* und *Sunagawa* (Tokio) und *Anikin* (Alexandrow) sowie Herrn Dozent Dr. *Bauer* (Prag).

Für die freundliche Erlaubnis zur Benutzung der Elektronenmikroskope danke ich den Herren Professoren *Mothes, Coutelle* und *Bethge,* für experimentelle Unterstützung bei der Präparation den Herren *Simon, Hunal, Hartung* und *Schemmerling.*

Für Röntgenweitwinkelaufnahmen danke ich Herrn Dr. *Alex,* für einige Achsenwinkelbestimmungen Herrn Prof. Dr. *Bautsch* (Berlin).

Dr. rer. nat. habil. Karl Heinz Brauer

FSC
www.fsc.org
MIX
Papier | Fördert
gute Waldnutzung
FSC® C083411

Zeitfracht Medien GmbH
Ferdinand-Jühlke-Straße 7
99095 Erfurt, Deutschland
produktsicherheit@kolibri360.de